蜕变的现代主义　**0**

建筑的现在 / 蜕变的现代主义是……

本书（全 5 卷）是自 2004 年 2 月至 7 月由 TN Probe 举办的五次题为《释放建筑自由的方法——从现代主义到当代主义》系列讲座的记录。

0 卷为对整个系列讲座主题的提示，并收录了第五回的总结研讨会内容。

第一至第四回讲座内容收录于 1 卷 ~ 4 卷。

2004 年 7 月 5 日

TN Probe 系列讲座《释放建筑自由的方法——从现代主义到当代主义》

第五回　总结研讨会 "建筑的现在 / 蜕变的现代主义是……"

出席者　五十岚太郎　小野田泰明　金田充弘　后藤武

主持人　矶达雄

翻 译　平 辉

著作权合同登记图字：01-2009-3359号

图书在版编目（CIP）数据

释放建筑自由的方法——从现代主义到当代主义 / [日] TN Probe策划、编撰；郭屹民监译；平辉等翻译. —北京：中国建筑工业出版社，2011.10
ISBN 978-7-112-13584-4

Ⅰ. ①释…　Ⅱ. ①T…②郭…③平…　Ⅲ. ①建筑学–研究Ⅳ. ①TU

中国版本图书馆CIP数据核字（2011）第192142号

责任编辑：徐明怡　刘文昕 / 责任设计：赵明霞 / 责任校对：肖　剑　陈晶晶

释放建筑自由的方法
——从现代主义到当代主义
[日] TN Probe策划、编撰
监译　郭屹民
翻译　平　辉　李一纯　薛　君　郭屹民
审校　郭屹民　张　维
*
中国建筑工业出版社出版、发行（北京西郊百万庄）
各地新华书店、建筑书店经销
华鲁印联（北京）科贸有限公司制版
北京中科印刷有限公司印刷
*
开本：787×1092毫米　1/32　印张：10⅞　字数：243千字
2012年9月第一版　2012年9月第一次印刷
定价：49.00元（共五册）
ISBN 978-7-112-13584-4
　　（21358）

译者的话

什么是自由？自然之中的人是自由的，然而风吹雨淋和严寒酷暑降低了自由的愉悦。于是限定、覆盖与围合伴随着建筑出现了。建筑之中的人在享用便利与舒适的同时，却也着实付出了自由的代价。

什么是建筑的自由？温馨、亲切，充满归属感的"家"就会浮现。那里才是释放身心的居所。建筑的自由是心灵的解放！

但是，建筑却并非如此单纯。它的两位主人——设计者与使用者之间立场的调和绝非易事。建筑在两边为难的境况中遭遇窘境。建筑的自由是矛盾的尴尬！

建筑的自由不是围合自我乌托邦式的鸵鸟政策，它是透明的开放，需要包容，更需要交换，因为时代告诉我们，这已然是一个流动着的社会。建筑早已不再是德里达攻击下那形而上学的"秩序"，它变身为一种环境，成为借此沟通与对话的媒介。

通过对这样一本关于日本当代建筑对话的聆听，我希望将这种对建筑自由的思考变得更加深入。诚如筱原一男所言，日本的传统中从未曾有过围合意义的"空间"（Space）。"间"（Ma）不仅是实体之间的空白，也是音律及其他事物之间的空白，甚至是时间的空白。然而这"间"的空白不是死寂，而是充满着鲜活的期盼，只在等待那场景转换霎那的到来，这是力量充满着整个身体的瞬间。建筑从来就不是自由的对立，也绝不应该成为自由的敌人。就像那令人激情洋溢着的身体，期盼的是那建筑自由的呈现。

　　而这本书所带来的就是这样一个对建筑自由的呈现方式的讨论，这也正是日本当代建筑师们所致力前行的方向。对于建筑而言，物质、形式、观念这些本质与外延中无一不透露着来自于"制度"的束缚。法规、意识、习惯、流行甚至消费、审美，这些从具象到抽象的欲望与观念正是"制度"成形的根源。释放建筑的自由无异与来挑战"制度"的束缚，而它们正是现代主义建筑等级化、乌托邦理想留存至今的形骸。这些形骸的巨大生命力，只需回溯一下自1970年代以来的种种努力及其无疾而终失败就可以知道，现代主义建筑的余孽在当代依旧是如此的根深蒂固。当代的计算机形态操作其实就是"化了妆的现代主义"，只不过是机械变成了计算机，而不变的是"生产"欲望依旧企图取代"建造"来将建筑变成生产的俘虏。如矶崎新所言，这种主体性的让渡最终将导致人成为一个设计的旁观者。然而如果"建造"的主体依旧是人的话，如果建筑依旧是"单品制作"的产物的话，那么"生产"就永远不可能取代"建造"的，因为无法感知重力、尺度与物质的机器缺失的却正是建筑最本质的核心。仓方俊辅指出，对现代主义建筑的颠覆如果不以建筑内部的核心出发的话，仅仅试图通过建筑表层的语言操作来颠覆现代建筑是绝无可能的，后现代主义的失败已经证明了这一点。如果说现代主义建筑被当作为一个阻碍建筑自由的障碍的，那么释放建筑的自由就是从对现代主义建筑的核心——形式、结构、秩序这些方面的质疑与改变开始。五十岚太郎将其称作"蜕变的现代主义"（Alternative

Modernism），它是迈出建筑自由之旅的第一步。

这本书中的对话收录了日本当代建筑师中的代表人物。按照年龄顺序有出生于 1940 年代的伊东丰雄，50 后的青木淳、60 后的西泽立卫和 70 后的藤本壮介。讨论的另一方则包括了建筑评论家五十岚太郎、建筑历史学家后藤武、建筑计划学家小野田泰明和建筑结构设计师金田充弘一众 60 后的建筑意匠外的学者。这种对话方的组合模式显然是希望对讨论向时间与范围广度上做最大化的尝试。尽管对话只是各自年龄段的代表，但同一年龄段建筑师之间的共性还是可以为我们揭示战后出生的这几代建筑师之间传承与差异提供了线索。

40 年代出生伊东丰雄、坂本一成、安藤忠雄、长谷川逸子等，其建筑思考的共性集中于对建筑体积的"形"的探索。50 后的青木淳、隈研吾以及妹岛和世则将建筑三维的"形"转化成二维平面化的对象，所不同的是青木淳与隈研吾的具象与妹岛和世的抽象将这种建筑的平面性思考分化成两极。60 后的西泽立卫、塚本由晴、曾我部昌史这一代建筑师们已经不满足仅从建筑本身当中寻找新的可能性，他们以一种环境的视角，将建筑相对化的"退后"、"散焦"视角来观察，在整体的相互关系中重新来定位建筑的意义。70 后的建筑师藤本壮介、石上纯也、平田晃久、中村拓志等在上一代环境化的影响下，则将这种全景式的观察介入到抽象领域方法，他们不满足仅仅与现实环境"制度"的碰撞所产生的可能性，而将视角扩展到耗散结构论、分形几何学、微环境论等这些基础领域中，通过这些更加抽象且原初的理论来和建筑碰撞出新的可能性。从具象到抽象，从工业到农业，从几何到自然，等等这一些演绎着日本从现代主义迈向当代的路径。而那些令人惊异的新鲜感正是源于这种不断将视野拓展的演化。这就像库哈斯所预示的那样，建筑学不会在符号、结构中解体，相反它正在以更宽泛的姿态包容着可以前进的动力。建筑正在向着一个更加开放的，宽泛的包容领域中扩张。也许那些60年代时现代主义建筑的余音、70年代时建筑面临的危机、80年代时对制度的怀疑与解题、90年代电脑所建立的虚拟世界所带来的影响正在以某种形式影响着这些战后出生的日本建筑师们。他们中的每一代都在用自己的方式诠释着这份记忆与身体赋予他们的传统。日本当代建筑正在给我们描绘出这样一幅释放建筑自由可能的画卷。

建筑正如时代一样，越来越流动、没有边界、时间的尺度一再被缩短乃至于信息呈现出空前的饱和。没有层级、没有秩序、没有疆域，这已经不是自命不凡的英雄时代，而是每一人都可拥有的平坦世界。这就是当代建筑应有的写照，也是时代给我们的景象。释放建筑的自由，就是还原一个属于身心的世界。

感谢所有能让这本书顺利出版的各位。然后就请大家一起来聆听这些关于建筑自由的对话吧！

郭屹民

2011年3月22日

目　录

系列讲座主旨

建筑在与社会和都市的关系上扮演怎样的角色，在对这个问题进行发问的过程中，渐渐产生了追求透明性和平面性（flatness）、将建筑的存在感稀薄化的倾向。然而，近年来建筑的设计方法似乎发生了变化。结构与表面一体化的设计、直率地表现复杂性的建筑，让人们拥有了不仅仅是对形式的惊讶，还摇撼了知觉的经验。

目前已有各种各样的说法用来描述建筑的状态："建筑已不再是形式"、"建筑是功能"、"建筑是过程、是状况"。但这些说法似乎仍未将"建筑应该是怎样的"这个问题与形式应有的状态联系起来。建筑是"物质的创造"，只有在社会和都市中存留下来才行，否则，如果不将二者结合起来考虑的话，便不会有现实的展望。

这意味着近年的建筑变化、连同形式的创新，获得了结合与人和都市关系的"不封闭"的建筑的可能性。

在这个系列讲座中，通过与站在改变建筑尖端的建筑师的讨论、全面看清建筑应有状态与形式的问题，希望从建筑的现在出发，寻求建筑与社会的可能性及其新的意义和价值。

——"蜕变的现代主义"便是对此的虚拟命题。

在所挑选出的建筑中，有的外形乍看上去很奇妙。另外，可以说这些建筑是通过着眼于排列和新的几何性，从而被发现的新形式。

可以理解为这是通过追溯柱、梁、板、墙等 tectonic

（结构学）的构成要素的起源，追问其关系性，来重设（reset）现代主义建筑的概念，试图使"蜕变的现代主义"崭新地呈现出来。曾经的后现代主义建筑，通过修辞学上的操作与现代主义相对立，始终倡导着它们之间的差异。然而，"蜕变的现代主义"不仅不否定现代主义，也没有要摆脱现代主义。它的假设是：一种既维持原来的现代主义，又卸下各种制约的其他可能性，借助当代技术和社会力量而成为现实。

本次讲座以形式的创作过程（结构学的视点）与建筑和人的关系性（活动的视点）这两个视点为轴进行讨论，希望能保持二者的平衡。坚决以实际建筑为基础，对新形式的可能性、由此所诱发的事物、由形式所产生的同感（公共性）以验证的态度，对二者的应有状态——要创作出怎样的自由的建筑、它对社会具有什么意义——进行重新发问，从而探索建筑与社会应有的状态。

TN Probe

讨论1　为何需要"蜕变的现代主义"?

五十岚太郎 + 小野田泰明 + 金田充弘 + 后藤武
+ 矶达雄

矶　关于"蜕变的现代主义"的系列讲座,我希望首先尽可能地把主题弄明白。请问五十岚先生能从对"蜕变的现代主义"一词的理解来切入这个主题吗?

五十岚　造出"蜕变的现代主义"这个词,与其说仅仅是要定个题目,更是因为希望用新的词语来展现现在正在发生的建筑动向。于是我尝试假设性地把这个讲座命名为"蜕变的现代主义"。这个词本身,是希望有一种"另一种现代"这样的微妙感觉。

　　通常说来,1980年代是后现代主义建筑的全盛时期,但从1980年代向1990年代变迁时,以"法国国立图书馆"竞赛为契机,似乎又回归到透明的玻璃幕墙、简洁的现代主义建筑的潮流上来。这也许是某种时尚潮流,以建筑为媒介所呈现出的趋势,但我觉得不能仅仅以此来完全概括。现在的建筑动向,再次回到现代之始,究竟墙为何物、地板和柱为何物,如此来对建筑的根本原理进行再次发问,因此我便尝试设定了"蜕变的现代主义"这个词。后来选出了这次系列讲座的四位演讲者,作为呈现这种动向的建筑师代表。

矶　当时你是如何理解现代的呢?

现代与蜕变的现代主义

五十岚　按照教科书上的说法，我认为现代主义建筑由三大方面构成："社会方面"、"技术·结构方面"和"文化·美学方面"。

　　首先是"社会方面"。时代经历了从王权国家向资本主义和社会主义转变的巨大变动。建筑在这样的社会体系中被创造并成立，这是其一。

　　然后是"技术·结构方面"。以前的建筑是砌体结构或木结构，进入 19 世纪后，钢铁和玻璃得以大量生产，之后，混凝土也得到了应用。像这样，结构技术发生巨变，建筑的建造方式也产生了变化。

　　接下来第三点是"文化·美学方面"。到当时为止的建筑，特别如果是在欧洲文化，是在像哥特（Gothic）、巴洛克（Baroque）这样的"某某样式"的美学规则中建造起来的。一旦将它解除，便通过更为抽象的体量操作来进行设计。宏观来说，这三个框架存在于现代，与现代主义建筑的成立密切相关。

　　那么现状又如何呢？"社会"由于信息化，人们的关系性与社会构成发生了巨大变化。在"结构技术"方面，虽然没有刚刚所提到的引起决定性变化的事件，但由于计算机进入设计现场而使非常复杂的结构计算成为可能，我觉得这改变了大型建筑的设计方法。

　　鉴于这样的现状，如果与现代的框架明确地完全断绝，那还是不用"现代"这个词为好。但是，即使完全摆脱现代的框架，还是会有无法断绝的情况，因此我尝试着采用了

"蜕变的现代主义"这个词。

矶　后藤先生对于"蜕变的现代主义"这个词是如何理解的呢？

后藤　我对于以一种样式来定义现今各种各样的建筑这种做法本身并无太大兴趣。但如果在不同的人不同的建筑设计当中，能用像尺子一样的工具来看这些设计，我想会十分有趣。无论是语言或是别的什么，让我们从创造能成为这种"尺子"的东西开始吧。

今天的讨论是希望最终能回答出蜕变的现代主义是什么。其实我觉得，虽然这样下定义并非完全无法进行，但仅仅如此结束未免有些无趣。今天，在座的各位回家时并不是得到了"蜕变的现代主义就是这么一回事"的答案，而是在回家的路上考虑"要尝试用蜕变的现代主义来丈量什么"，我想这样会更有趣。因此也请各位听众稍微改变一下想法，希望你们不要过分强求要回答出"蜕变的现代主义是什么"。

回到系列讲座计划的话题上来，一开始策划部门就坦率地提出了"要如何理解现代的建筑才好"的话题。提出这个讨论话题之时，正逢伊东丰雄的"仙台媒体中心"建成。在看到那座建筑时，我感到存在某种暴力的减法和图的暴力。在筒体、楼板、表皮被还原为最小要素的行为与伊东本人所描述的"像海藻一样的意象"的草图中，我感受到"尽管显得弱不禁风，但还是有破坏的暴力"。因此，我觉得从这里出发来讲比较好。

另一方面，我觉得雷姆·库哈斯（Rem Koolhaas）[注01]

的建筑是加法。我想这样的想法是完全可以理解的，库哈斯的建筑像是在逐步加入柯布西耶（Le Corbusier）[注02]的底层架空和屋顶花园，密斯[注03]的通用空间[注04]和基座，形成了某种语言学的操作。但在仙台媒体中心项目中，我觉得有一种稍微与之不同的感觉。回想起来，暴力地减除的感觉，不是与"刚刚诞生的初期现代主义"的感觉相近吗？由以上的讨论便得出了"蜕变的现代主义"这个词。

矶 这次要对蜕变的现代主义这个未知物进行追问，邀请了金田先生和小野田先生二位担任主持。用于追问的武器，对金田来说是结构学，对小野田来说则是行为。我想，关于各种术语还是会有不太理解的地方，希望二位能为我们进行简单说明。

建构学与行为

金田 "建构学是什么"，这是一个相当难的问题呀！

第一次思考"这是建构学吗！"，是在参加由亚历山大[注05]结构师加里·布莱克（Gary Black）[注06]所教授的课程的时候。当时他让我们选择自己喜欢的林荫道。在所栽种的各种各样的行道树中，大家各自选择了自己所喜欢的之后，他说："测量出树的尺寸和树的间隔，还有路的宽度等等，这就是结构，这就是建构学"。他指出，建构学就是形成此空间所必不可少之物。

因此"建构学"不仅仅是力学的结构，我想还可以理解为社会结构这样的体系和机制层面上的意义。就像必不可少之物应有的状态。

小野田 关于"行为",我也在别的地方写过一些。现代的建筑师认为要设计的并非是形,而是由形所围合的残余下来的空间。矢量(vector)越发偏向空间,而并非形。但由于空间不是实体,因此为了填满空间,建筑师不得不捏造出行为这个概念,这是我略怀着些坏心思的看法。因此柯布西耶要在钱包中执拗地画上名为贵族野性的人体,伊东也对行为饶有兴趣。总之,我认为建筑师所说的"行为"与我们原本的行为和实际体验是有所偏差的。

例如,今天的研讨会会场,观众席分为两部分,这与此前的四次演讲的会场布置方式不一样。在此之前的讲座,坐席是从入口向讲台按一个方向排列的,最后的座位具有非常特权,是维持着不知谁来入座的匿名性的座位。但是今天在会场中间放了一张桌子,由于椅子要围绕桌子摆放,即使西泽立卫坐在最后,也能马上知道他来了。像这样,即使是相同的空间也会变得相当不同。我想这是行为的另一个方面。即使建筑不发生变化,行为也会渐渐发生变化,也会因谁在讲话而发生变化。请想象一下学校里班级的情景。我现在悄悄去参观上课情况,虽然班级学生不变,还是会发现班级由于教师的更换而有所不同。行为就是如此,与坚固的建筑语言稍有不同。虽然相互之间有微弱的关系,但我想用行为这个词来直接形容建筑,还是必须慎之又慎的。

矶 我想通过以上的发言,可以理解这次系列讲座的前提和四位参与讨论者的立场了。接下来让我们进入"蜕变的现代主义"的讨论。

讨论2　何为蜕变的现代主义?

五十岚太郎 + 小野田泰明 + 金田充弘 + 后藤武 + 矶达雄

矶　从现在起,请在讨论中解释在第一至第四回中演讲的建筑师的发言,希望在最后能够得到各位讨论者对于"何为蜕变的现代主义"的提示。作为讨论的引子,网络报道员三浦先生和胜矢先生为每位建筑师各提出了四个关键词(图01)。

小野田　在进入讨论之前,我想谈一下我的感想。分析建筑师,而且还是这次讲座受邀请的四位建筑师(伊东丰雄、青木淳、藤本壮介、西泽立卫)的言论,并指出与历史的关联性,这样的行为说到底还是很受限制的。虽然本来打算要充分理解这种理性操作的重要性,但另一方面,我个人又希望远离变为解释过了又重新解释的这种自闭停滞方式的危险性。特别是在这次这样的公开场合下,如果要激烈辩论,老实说,比起封闭的讨论,我认为与现实社会如何联系的视点更为重要。

　　那么首先,我想由我起个话头。青木在讲座中播放了他以狗的视点为"O住宅"所拍的录像,在像狗一样到处乱跑的生物的情况下,"动线体"的概念是非常适用的,但像人这种稳重的生物,会说抽象的语言,并以视觉优先的形式缓慢地移动,因此,当给予建筑以"动线体"的结构时便不适用了。当时,碰巧青木在负责路易·威登(Louis Vuitton)

事件	暧昧性 复杂性	艺术与工艺	异化
伊東豊雄		**青木 淳**	
自我生成	物质·材料	视觉	结构与构成
相对性	由关系性形 成的整体	新古典	组成
藤本壮介		**西沢立衛**	
部分的建筑	抽象性 普遍性	语言化	同时发生

图 01 大家构成示意图
作者：胜矢武之（伊东丰雄·藤本壮介）·三浦丈典（青木淳·西泽立卫）

的商业建筑，不允许用像"动线体"这种稳重的概念，无论如何，总之要吸引人的注意。我想，青木似乎在此以快速知觉的**"视觉"**为中心，猛然偏向了构成各处的方法，也就是用"装饰"来形成体量的方向。我觉得这是要与外部世界发生联系的建筑师姿态的好例子。青木不止是**"异化"**了建筑的做法，还升华了与外界有强烈关系的手法。这方面我有强烈的同感。

后藤　说起青木的"动线体"，我觉得是建筑控制体验——这可以是真的控制，也可以是别的什么——这正是作为现代的正统，与柯布西耶所做的"建筑散步道"相关联的主题。从那以后他转向了"装饰"，虽然当然是有外在的因素，但我想他还意识到无法控制体验的问题。在某种意义上，这是放弃控制体验，而仅仅在直觉上控制。而或许又有想要仅仅对其进行最小限度的操作的意识，于是当时便提出了"装饰"这个词。

　　只是我觉得青木的"装饰"这个操作本身，理解为**"异化"**也是可以的。总之，操作本身完全不是装饰上的。例如，可以看到伊东的"松本市民艺术馆"是颇为装饰的。青木所说的"装饰"是要**"异化"**装饰，使用装饰的同时又与装饰不同。总之，在"路易·威登六本木店"等建筑中就是要让装饰本身拥有尺度，由装饰本身形成体量。关于这点不能简单理解为将装饰复活，不仅采用曾被认为已遭舍弃的东西，同时还改变了装饰本身，对**"结构"**与**"装饰"**这种二分法稍微进行错位，从而产生异化作用，这种想法非常有趣。与关键词联系起来，就是与"**结构与构成**"相对应。

金田　对于"装饰"这个关键词，印象中青木与其他演讲者，特别是与伊东相比有不一样的感觉。伊东要将一切消解为一种流体、能量。关于"能量和身体"的发言指出，这里不是物质的身体，而是在相互推拉的关系中产生的像能量一样的形。另外，关于生成形的系统，并非由外侧来断定，感觉上是在整体运动中突然产生的。

伊东还谈到了"**事件**"。伊东是要囊括设计过程的全部，把一切合成为一体来解决。与此相对，青木不会对所分解的要素一并对待。我想，结构和装饰也会在混合的解决中迷失。由于并非主要要素而被舍弃了的装饰，如果进一步特化地来看待它，也还是有可能的。

青木当时曾经提到尺度和解像度的话题。这的确与这次的主题相契合，通过 10 倍或 1/10 的尺度缩放所看到的不正是"蜕变的"吗？

后藤　在听到伊东的发言时，我联想到了古典建筑师的模样。伊东的建筑会伴随着实际的意象。例如"像海藻一样的建筑"、"像树一样的建筑"，伊东不是会这样说吗？以此为前提，虽然不能做出原物，但会做出与之相似的东西。考虑如何实现不能相似却又相似的意象。总之，伊东最初是有一种意象的。虽然说是"用计算机演算法[注07]来解答的"，但还是一开始就先有了"看起来像树"这样的意象。我认为这不能以好坏而论，而是一种古典的做法。另一方面，妹岛和世[注08] 所做的设计又的确是非线性的,总之事先并没有意象,而是采用一味地做模型这种模拟方法。哪种方法更好另当别论,就是有非线性的感觉。

金田先生所指出的伊东的整体性解决,应该与这一点有关。指向某一意象来组合各种要素的伊东,本来就存在多样性,从一开始就将它们纷纷结合或分离,感觉这果然是与青木不一样。

五十岚 关于伊东的讨论正如你们所说的。(视点关注于"现在的社会和世界变得怎么样了",因此应该有怎样的建筑,在四位的演讲中,只有伊东这么说。)

现代建筑的想法之一,就是在某一新的世界和社会形成之时,建筑必须去回应它,在这层意义上,伊东的做法本身可以说是相当现代的。也许这也与伊东年龄最长有关。

"仙台媒体中心"的设计过程的确是这样的,印象中他本人曾说"甚至连玻璃都不想用"。正因如此,实际完成的建筑与最初清晰的意象之间形成了悬空的状态。同时,在"仙台媒体中心"中,我感受到了在设计过程中的"**事件**"。我想在这过程中,不仅是最终形,伊东必定还突然领悟到其他建筑的应有状态。

面向整体性的欲望,的确通过计算机演算,在"伦敦蛇形艺廊(Serpentine gallery)"中显示出同时决定细部和整体的做法。

将"**暧昧性·复杂性**"作为关键词的伊东,还使用了"包容性/排斥性(inclusive/exclusive)"这对词。这些词本身也是后现代的关键词，文丘里[注09]也会使用"包容性（inclusive）"、"暧昧性"、"复杂性"。这意味着在听这次"蜕变的现代主义"的系列讲座时，会感到当中同时埋藏着现代和后现代。

在伊东那次的演讲中，胜矢提到了高迪[注10]的建筑。我当时也提到了新艺术运动（Art Nouveau）[注11]，认为100年前的事件与今天发生事情确实很相似。高迪是属于西班牙的新艺术。他的建筑是结构的，并且是装饰的，许多人听到这话时，或许就会回想起来。

稍微再谈谈这点，通过对高迪本身的再评价这种方法来反映时代的变迁，我对此很感兴趣。后现代时期，查尔斯·詹克斯（Charles Jencks）[注12]以"激进折中主义"来评价高迪，不久后兴起高迪热潮（Gaudi Boom），我想当时大家都被装饰的部分给吸引了。但是，2003年举办的高迪展览会在日本东京都现代美术馆开幕时，使用计算机对高迪的结构是否合理进行了再评价。我当时想，"原来时代的潮流与对高迪的评价也是平行的"。

后藤　"艺术与工艺（Art and Craft）"是青木的关键词之一。围绕装饰的问题，服装、室内、建筑都是设计，在看到路易·威登这座建筑时，的确感觉到潜藏着青木的尝试中的这个部分。另外，我想还应该看到另一面，那就是阿道夫·路斯（Adolf Loos）[注13]所说的"装饰就是罪恶"。像德意志制造联盟（Deutscher Werkbund）[注14]、包豪斯（Bauhaus）[注15]一样，对于将生活完全艺术化的综合艺术潮流，他是强烈批判的。

例如，德意志制造联盟的霍夫曼（Hoffmann）[注16]，对于在建筑设计的同时进行室内设计时提出这样的批判："在异质要素纷纷进入的现代生活中，对所有事物同时进行设计是滑稽可笑的，做一个能让更多样的事物进入生活的容器要更好"。青木具有创造出能容纳各种事物的容器、多样的场所这样的意识，我想他也是为此而使用装饰的。也许这是完全相反的两面性。

小野田　原来如此啊，非常有趣的看法。我从合作者的立场来看待建筑师，意见稍有不同。

在做"仙台媒体中心"时，我是计划负责人，也与伊东共事。那是非常混沌的项目，无论如何都希望做出新的东西，将目前已有的概念解体，想要得出新的建筑类型。当时，伊东那张像海藻一样的草图、那个模型照片的图示，在设计团队中的地位真的不可估量。高举目标，开放结局，并且使在团队中产生并维持多样性成为可能。如果从建筑批评的角度来看，也许他舍弃了现代的东西，而现时社会的活力，与单纯的设计论在不同的相位上运动，有"这样做议会是不会通过的"的意见，有主张"把图书馆放到最下面"的居民运动，有"因为筒体非常阻碍，所以请把它们取消掉"的言论，涉及许多复杂的问题。当时，为了突破高举高抽象度的概念，像伊东这样提出一个图示是非常重要的。如果没有它就会被社会的惯性力所缠绕而无法达到目标。我希望清楚地说明这一点。伊东的概念绝不是陈腐的，而是为了在社会中推进非常重要的东西。

　　另外，伊东在**"物质·材料"**方面，对与人的身体或物质接近的部分是进行过相当慎重地研究的，在"媒体中心"各层的装修和家具是不一样的。虽然听起来很简单，但有防火认定、造价、耐久性的问题，操作起来非常困难。虽然不能完全控制活动，但表面控制却具有一种微弱的亲和力，真挚地去全力挖掘这样的可能性，是用心良苦的重组图解。"蜕变的现代主义"是一种为了创造新世界的手段，不能只是为了自我满足而图个新鲜。这么想来，我觉得伊东的方法是成熟的。

后藤　小野田先生关于图示的发言很有意思。藤本的"安中环境艺术公共集会广场竞赛方案"提到局部的规划很重要，同时，我觉得一笔画的整体也是作为某种图式来流通的。这与关键词**"由关系性形成的整体"**相联系。

五十岚　藤本的方案是一个"可以有各种变化的图式"。伊东的"仙台媒体中心"也一样，虽然大家共有整体的意象，但详细的部分还没有决定，据伊东在采用"多样性·复杂性"时说，虽然没有最好的，但有更好的。与此相比，藤本所做的基本上是先有部分再有整体的**"部分的建筑"**。于是，整体便成了开放的形。尽管西泽在演讲中曾说要分解对象，但分解后又有相当严密的构筑感。因此感到最后所形成的整体性，四位建筑师各不相同。

　　这里我提一下**"新古典"**，埃米尔·考夫曼（Emil

Kaufmann）[注17] 这位建筑史学家对于从巴洛克[注18] 到新古典主义（Neo-Classicism）[注19] 的变化写道："巴洛克基本上是整体性优先，各部分从属。而与此相对，新古典主义建筑的各部分是自立的"。这意味着，三浦先生所举的这个关键词，似乎很意外，但实际上又是恰当的。

金田 我来说说"**自我生成**"。伊东为"**自我生成**"所使用的计算机演算方法，可以认为是为了自我解放的手段。从年轻时就有他被烙印上了现代性的印记，于是有了把自己从现代中解放出来的意图。与此相对比，在藤本身上就感觉不到"必须要解放自己"的意图，而是感觉到要再纯粹一点，追逐自己内心的抽象性。

后藤 "自我解放"这个理解方式很有趣。虽然看上去似乎是与建筑无关的话题，但我觉得这在设计行为上是非常重要的。虽然"自我与建筑"是一个相当古老的话题，但我想这是设计者常常要直面的问题。伊东所说的"自我解放"，我感到非常理解，青木则有一点类似于精神分析，虽然也许是有点抽象的说法，但感到似乎"自己内心有一个未知的自己"……我在参观西泽和藤本的建筑时在想，是建筑完成了建筑吗？我想其中他们也期待着能有与自己所做的不一样的部分。

金田 说到"**自我生成**"，虽然形象上的确像是由计算机演算而随意得出，但在现场，是有相当的人为选择成分的。受自己束缚而无法得出的结果——虽说是把计算机演算作为使这种结果产生的装置，但不论是规则的确定，还是解的选择，终究还是由本人来确定的。

后藤　到底还是希望有美的意识，这种印象很强烈，而且我觉得这与使用"自我生成"的工具具有相反的两面性。这样不就不能完全消除"自我"了吗……

金田　是由设计者来设立"**自我生成**"的规则，我觉得这就意味着深入创作。

　　我对伊东发言中感兴趣的是，当超越某一阈值时，他说到"并不是非这样不可"。也就是说并非要控制全部，也会有像都市那样无法控制的地方。设定成立的规则也一样……我想这方面是共通的。话说西泽也曾经提到过窗帘的话题。

小野田　关于窗帘，是在介绍"船桥公寓"时提到的。由于现成的窗帘与大窗户不相配，于是居民买来布料，设法去装饰窗帘。我们去参观建筑时，西泽看到它的外观，欣喜地说"这出乎意料的好呀"，因为对这件事还有印象，于是就在讲座上讨论了。当时我想的是，与建筑师的自我实现一样，也有居住者的自我实现，西泽的建筑在某种意义上不正诱发了这一点吗？与现成品窗帘不相配的大窗户硬生生地开着，人在思考要怎么办的时候，平常会觉得"买一个就好了"随便敷衍的部分，便在这个公寓的生活中被激活了。又由于被激活而产生了与建筑具有紧张关系的不错的感觉。我想这并非因为西泽要舍弃日常生活中没有想法意图的一面，而是因为他以不同的形式将它实现了。

后藤 是的。建筑师说"这样很好"，但这未必是自恋。去到现场的新发现，不可否认其中有自恋成分，但其中也有他者性。

小野田 我觉得这意味着较年长的两位（伊东、青木）与较年轻的两位（西泽、藤本）是不同的。较年轻的两位意味着谦虚，并且还没开发自己的手法。当问西泽"为什么要使用**抽象**的手段"时，他回答说，"因为我胆子小。因为还没完全超越它，只是碰巧用了这种手法罢了"。

而另一方面，较年长的两位谈到了形和装饰的话题，首先是摆脱了"抽象"，其次也许是与经验积累有关。我想较年轻的两位在今后确立了方法论后，会具有双重性，这样会变得更有趣吧。

五十岚 现在把话题转移到"**相对性**"这个关键词上来，藤本不用绝对的尺度，而是设置相对的轴、网格，从而产生出抽象性。西泽从 0 开始，通过观察对象并彻底地理解形式，从而与之发生错位。"船桥公寓"也是如此，乍一看是遵循了"单间 + 浴室"的系统，同时又有自内部破坏形式的地方。我觉得这意味着，较年轻的两位方向性也是相当不同的。

后藤　我想试着从刚才的论点引到"**语言化**"这个关键词上来。我认为建筑，完全就是语言化的。所有建筑都是语言的。觉得似乎有形容词式的建筑，副词式的建筑，动词式的建筑，名词式的建筑。

　　例如，可以说密斯就是动词式的建筑，而后现代就是形容词式的建筑，西泽在讲座中对命名的话题作了回答。我对此很感兴趣。尽管世上早已有不计其数的名词，但还是需要创造出至今还未曾有过的名词。虽然要命名的事物近在眼前，但我觉得命名又会让它变得面目全非。这是形容词所无法实现的。虽然形容词的意义可能只是"像……一样"，但名词化就是"命名"，并以此把"无形抽象的事"变为"有形具象的物"。我也会使用"设计语言"这个词，把建筑作为语言来思考真的很有趣。

小野田　西泽当时说的是，在重组后创造出新事物时，如果将这些节点语言化，那么此后的会议便进展顺利并且不会偏题。我也有同感：如果充分做到这一点，便能完成有强烈"组成"的建筑。

金田　"**语言化**"的对极就是"**视觉**"。我想与西泽"想要命名"的话相对照的，就是青木所说的一分一尺度的研究。也就是说，如果体验就能够完全理解的话，就没有必要反过来用语言来表达了。青木认为，没有必要在设计团队中共有抽象化，而是要做到看到就明白的地步。那么，在表现复杂的东西时就按复杂的来表现，当中复杂的"东西"是什么呢？

例如，伊东的"亚眠 FRAC 现代美术馆"中像树一般的形态就非常复杂，"蛇形艺廊"也使用了复杂的解法，"科因布拉·圣克鲁兹公园"也同样，会让人想这究竟是怎样形成的，虽然如此，但我想这并非事物复杂，本质上只是现象复杂。在事物和人的关系中，只是所受的印象复杂而已。我想这是今后的可能性。只要利用单纯的计算机演算改变参数，设计结果便逐步得出。并非事物本身复杂，可视化的、身体感受的现象复杂就可以了——我觉得青木和伊东似乎是这样的态度。

后藤 话虽这么说，但我觉得还是存在确定某种规则的语言的。因为即使不是自然语言，如果不能在现象的复杂性中发现规律，也不能确定形态。虽然我不知道伊东是怎样来确定形态的，但我觉得选择哪一个的"决定"也会与结构化相联系。在容易变动的现象复杂性中，发现某种结构，并作出这种结构更好的判断。因此我认为是在这之后才进行命名的。

金田 但西泽也说过，因为不能语言化而做了大量的模型。总之就是还没形成了将此表达的语言。

后藤 我觉得不论是青木还是西泽，都在为了发现结构而探寻语言。我认为发现结构的行为本身就等价于**"语言化"**的行为。

小野田 在展开希望与社会目前所通常理解的结构相对化的

提议时，"语言化"的行为扮演了非常重要的角色。而在要改变建筑形态时，大家都不只停留在语言化上，而是全面贯彻模型的手段。当介于两者之间时，便在内部产生紧张。虽然青木和西泽在这点上是相同的，但青木还会通过改变了比例的局部模型来检验，希望从中抓住"形"，进而将其重组。

蜕变的现代主义是……

矶　现在我想请各位讨论者轮流回答一下一开始提出的"何为蜕变的现代主义"、"蜕变的现代主义是……"的问题。请先从小野田先生开始吧。

小野田　我们的社会一方面会有许许多多的事情**同时发生**，同时这些事件又以不可思议的形式互相关联。这必然会影响到建筑和都市的形态，现在我们面对的就是对这种现象的看法。因此，如果与现代社会相对应的是现代主义的话，我想"蜕变的现代主义就是全球化中的现代"。

　　我尝试着简单地用图来表达（参考图 02、03）。关键词是"交换可能性"。现代之前是乡土的社会，是乡土设计。这些设计就待在土地上，完成后难以交换，而现代社会则以货币为媒介，对劳动力进行大规模重组，利用军事力量对领土进行重组。这时便出现了交换性高的物品。总之通过商业化的浪潮，具象的符号如同作为表现的"迪斯尼乐园化（disneylandization）"[注20]一般，似乎变得随处可得。这是具象的，并且能够交换的状态。于是，就像之前的现代作为

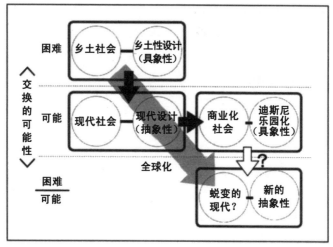

图02 小野田泰明

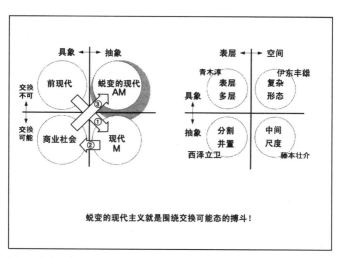

图03 小野田泰明

乡土的对立项出现一样，对于商业化的具象的对立项"蜕变的现代主义"伴随着某种新的抽象性出现了。像这样，不就能看见作为围绕着具象和抽象的活力"蜕变的现代主义"的生成了吗？我是这么认为的。

现代主义之前处于"具象"且"不能交换"的状态，后来作为与此相对的对立项，在其倾斜位置出现了"抽象"且"能够交换"的"现代"。由于现实社会中突然产生了相对立的具象，作为对抗，不能交换却抽象的"蜕变的现代主义"便出现了。而引导这一连串运动的斜向量不正是"全球化"吗？

接下来，如果从这里抽出"具象/抽象"的坐标轴，并重叠上"空间/表层"的坐标轴，便生成了另一个矩阵。"具象×空间"得出复杂形态，"具象×表层"则在表面形成装饰化，而当"抽象×空间"便彻底变成了中间尺度。这样来考虑的话，看来具有敏锐观察力的在座各位已经猜到了，谜底就是系列讲座中登场的建筑师。也许只有西泽不太吻合，但还是可以看到四位演讲者在"具象"与"抽象"、"表层"与"空间"的对抗中使用了各不相同的工具。也就是说"蜕变的现代主义"就是通过"具象/抽象"、"表层/空间"的手法，围绕交换可能态所展开的格斗。

虽然这不是结论，但在我每次作为建筑计划者参与建筑师的艰难讨论时，我脑海中所浮现的图案，感觉就是这种印象。某种意义上，是暴力地单纯化了……

金田　由于我本来就不是以语言为职业的人，我想用非常简单的图表来表达（参照图 05）。

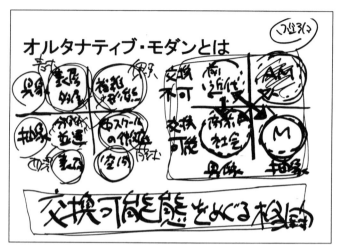

图 04　小野田泰明（图中译文：蜕变的现代主义就是）

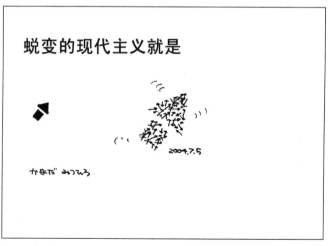

图 05　金田充弘

用"是……"的句型来解释"蜕变的现代主义"非常困难，我想恐怕没有这种解释。只是在考虑到与现代之前有何不同时，试着好好看看以非常单纯的合理性和社会的理解方式所表现出的现代主义时，可以看到，原本认为它非常简单，而实际上则非常复杂。这是其一。总之现代主义也许是非常多样的可能性的其中之一。我想会有更加原本的可能性。要说为什么，那是因为建筑并非以建筑单体而存在，如果社会发生变化，其方向性当然也会有所不同，成为可能的技术变化了，经济背景也都变化了。如此每天，不论方向性还是构成要素都在发生变化。不去探寻代替现代的新事物，而是试图更进一步看清现代原本所包含的可能性。这可以宏观地看，也可以微观地看，我想更多同时多发的各种可能性是存在的。我觉得这次的系列讲座就是要发现这样的"可能性"。

这次邀请的四位演讲者不是研究建筑理论的，而是从事建筑设计的，我认为这一点很重要。因此，不是从理论上来谈今后的建筑要如何做，而是截取出"现在在怎样做"，"朝向一个怎样的方向"的问题。

后藤 似乎只能这样说："蜕变的现代主义就是本来的模样"（参照图 06）。

在青木演讲那时，青木让我为演讲会主题命名，当时考虑了许多。后来命名为"原本即是多样的，原本即是装饰"。当时所考虑的，作为个人的历史观，我认为现代是在柯布西耶的萨伏伊别墅、密斯的通用空间等图示之前，基于阿道夫·路斯的多样性的讨论。后来，现代的多样性受到压抑，

图 06　后藤武（图中译文：蜕变的现代主义就是）

从中抽取出了坚如磐石的抽象性。于是，抽象性便作为图示流通。当然，正如刚才小野田所说，流通，并以流通为目标的人非常重视合作，以此为前提，多样性则反而受到压抑。这种多样性不是"总觉得多样比较好"、"人各不相同"这些说法中的多样性，而是人和人本来就不一样的多样性，或者是纷繁杂乱的多样性。（我认为以此作为建筑的问题是非常难的。）我想，把这一点作为原初问题的是阿道夫·路斯，而青木的讨论则指出了"如何将这样的多样性作为问题"。虽然文丘里也以多样性为话题，但总觉得含糊不清。这本不就是一个应该思考的问题吗？我们常常不得不回到原点，这比起建筑的可能性，也许更是建筑的危机，我想，在这种背景下对于建筑多样性本身的思考是十分有趣的。

这次，我们与以演讲者身份出席的四位建筑师所共同思考的，正是怎样能把多样性变为问题，共同点在于对此的问题意识。是否做出具有真正多样性的建筑，对此既可以看到乍看上去很抽象的讨论，又有自由的话题，人与人之间的对话，或者与建筑对人起到何种作用的问题相关的发言。我觉得这既像在思考这个问题，又像在指出问题。

五十岚　这次系列讲座以"释放建筑自由的方法"为题。这意味着，在现代社会中使现代主义成立的"社会"、"技术"、"美学"三个领域发生了变革。而现在，被中断了的现代的可能性又重新开始了。尤其是结构技术的可能性，唤起了像最初的表现主义或新艺术运动的事物。

　　我在几年前写《以超级平的建筑·都市为目标》[注21]这篇论文时，把"无等级的建筑"作为关键词，如果把这次参加讨论的四位建筑师以某种最大公约数来考虑的话，就会发现，大家都同时具有简单和复杂的方面，或者都混杂着现代主义和后现代主义的经验。在这里暂且用这个词来作为同类项（参照图07）。碰巧在上周，由于工作关系走了一下千里新城（new-town），这里就像所熟知的一样，是在1950年代后半期构想，在1960年代作为日本早期的新城所建成的场所。某种意义上，这是实行了纯度非常高的现代都市计划的场所。我在那里的感受是，各个角落都实行了非常有秩序、有等级关系的计划。在将等级解体这层意义上，在《以超级平的建筑·都市为目标》一文中，已经论述了这次所选择的建筑师中的三人。虽然当时没有写到藤本，但我想是能够写进去的。

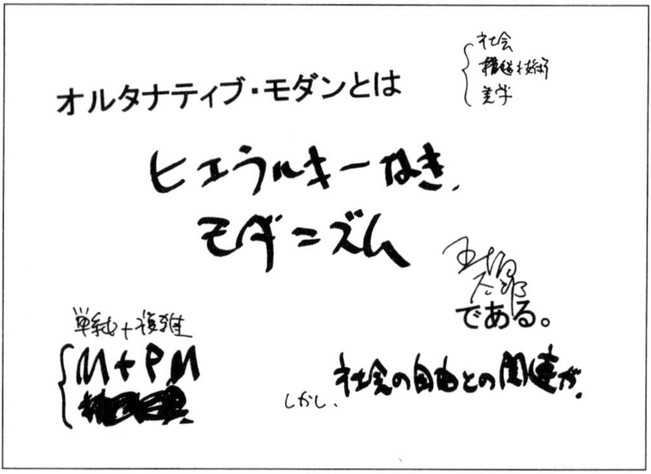

图 07　五十岚太郎

（译文：$\left\{\begin{array}{l}\text{社会}\\\text{结构技术}\\\text{美学}\end{array}\right.$　单纯＋复杂　蜕变的现代主义就是去除了等级性的现代主义

但是它与社会的自由的关连）

　　我认为现代主义不仅仅是开启建筑的自由，还会使社会产生自由度。当然，也是一边制定规则、形成秩序，一边使社会变得自由的。另外，我觉得即使在建筑中，也存在解除各种束缚的趋势，似乎社会的自由度和建筑的自由度在同时变动。只是现在，我的认识是社会并没有变得自由。相反，似乎逐渐变得不自由了。我在《过防备都市》[注22] 一书中曾写到，在过剩的安防中丧失了自由度。我感到了建筑与社会之间关系的断绝，虽然建筑重新开启了自由，但社会的自由度却不一定同样能实现。这种断绝是我个人的感受。虽然这次演讲的建筑师针对不同的问题提出了不同的方案，但我希望这些方案能与社会整体发生很好的互动。

矶　四位讨论者都对"蜕变的现代主义是什么"进行了回答。这些回答从不同的角度来阐明，而又绝不是结论。但通过我们"蜕变的现代主义"这个假命题，打开了对于从建筑中能看到怎样的可能性的展望。

"蜕变的现代主义"不是为了对流行建筑进行分类所提出的词语。我想，如何构筑新的建筑和社会，与如何构筑新人类是相互结合的。希望今天在座的各位能够带回去些什么，并以此为契机能有些什么思考。

[注 01] 雷姆·库哈斯（Rem Koolhaas）参照 4 卷 7 页 [注 02]

[注 02] 勒·柯布西耶（Le Corbusier）参照 1 卷 6 页 [注 01]

[注 03] 密斯·凡·德·罗（Mies van der Rohe）参照 3 卷 9 页 [注 04]

[注 04] 通用空间（universal space）参照 2 卷 8 页 [注 02]

[注 05] 克里斯托弗·亚历山大（Christopher Alexander, 1936-）美国建筑师、思想家。主要作品有"盈进学园东野高校"（1987）等。著作有《模式语言（Pattern Language）》（平田翰那译，鹿岛出版会，1984）等。

[注 06] 加里·布莱克（R. Gary Black）结构师，加利福尼亚大学伯克利分校教授。

[注 07] 计算机演算（algorithm）参照 1 卷 8 页 [注 03]

[注 08] 妹岛和世（SEJIMA Kazuyo, 1956-）建筑师。代表作有"再春馆女子寮"（1991）等。还与西泽立卫以 SANAA 团体为名共同进行设计。有"IAMAS 多媒体工房"（1996）、"金泽 21 世纪美术馆"（2004）等作品。

[注 09] 罗伯特·文丘里（Robert Venturi）参照 2 卷 27 页 [注 09]

[注 10] 安东尼奥·高迪（Antonio Gaudi）参照 4 卷 8 页 [注 04]

[注 11] 新艺术运动（Art Nouveau）参照 1 卷 53 页 [注 21]

[注 12] 查尔斯 A. 詹克斯（Charles A. Jencks, 1939-）美国建筑评论家。在著书《后现代的建筑言语》（竹山实译，A+U，1978）中，对 1960-70 年代摆脱功能主义的建筑群进行了定位。

[注 13] 阿道夫·路斯（Adolf Loos）参照 2 卷 53 页 [注 22]

[注 14] 德意志制造联盟（Deutscher Werkbund）以德国建筑师 Adam Muthesius 为中心，成立于 1907 年。进行通过"艺术、产业与工人技术结合"来提高工艺水准的运动。

[注 15] 包豪斯（Bauhaus）1919–1930 年在德国设立的统合了建筑、绘画、工艺的进行新的设计教育的学校。Walter Gropius、Mies van der Rohe 等曾任校长。

[注 16] 约瑟夫·霍夫曼（Josef Hoffmann, 1870–1956）奥地利建筑师。倡导实用主义，设计几何学形态的建筑。还作为德意志制造联盟的会员，进行母题（motif）建筑的活动。代表作有 "Stoclet 住宅"（1911）等。

[注 17] 埃米尔·考夫曼（Emil Kaufmann, 1891–1953）德国美术史家。著书有《从勒杜（Ledoux）到勒·柯布西耶（Le Corbusier）——自律建筑的起源与发展》（白井秀和译，中央公论美术出版社、1992）

[注 18] 巴洛克（Baroque）17 世纪流行于欧洲的华丽装饰的艺术样式。以建筑师伯尔尼尼的"圣·彼得大教堂广场"（1656），波洛米尼的"圣·卡洛教堂"（1667）为代表作。

[注 19] 新古典主义（Neo-Classicism）兴起于 18 世纪法国的建筑样式。反对在此之前的装饰过度的样式，追求以古希腊、罗马建筑为典范的原初的崇高性。

[注 20] 迪斯尼乐园化（disneylandization）青蛙状的桥、橘子状的公厕等以其他具象物的形态将建筑物性格化的行为。详见《伪造的日本——公共设施的迪斯尼乐园化》（中川理著，彰国社，1996）。

[注 21]《以超级平（super flat）的建筑·都市为目标》收录于《终结的建筑 / 开端的建筑——后激进主义的建筑与言说》（五十岚太郎著，INAX 出版，2001）。

[注 22]《过防备都市》五十岚太郎著，中公新书 ラクレ（"La Clef"为法语，意为"钥匙"），2004

▓▓ 专栏 1 ▓▓▓▓▓▓▓▓▓▓▓▓▓▓▓▓▓▓▓▓▓▓▓▓▓

何为蜕变的现代主义？

后藤武

新现代（Neo-Modern）、晚现代（Late-Modern）、后现代（Post-Modern）……为了终结现代（Modern）而相继发明了一系列词语。这是终结后的第一次反复。已经厌倦了这种游戏，谁都这么认为。梦想摆脱现代的建筑，却认识到结果是一步也没踏出过现代，什么都没有终结。如此一来，现在所能做的并非性急地假定反对项，而是再次以觉醒的目光重新正视现代。

用精致的手法从内侧开始分解现代，并再次组装起来。于是浮现出新的几何学和装饰的新用法。通过着眼于排列和新的几何学性，从而发现了新的形式。由此所得的形式的新颖性，决非来自于形的自律的形式性，而是从追问体验建筑的主体的感觉和知觉中产生的。因此，形式与知觉的关系应该是最初产生现代的原动力。

在看习惯了的世界中，创造出未曾见过的东西。（20世纪，终结之世界被再次重新发现。试图把这样的设计理论称作蜕变的现代主义。

（来自：第一回　伊东丰雄演讲会的宣传单）

专栏 2

与后现代有何不同？

五十岚太郎

我们在思考蜕变的现代主义的同时，兴盛于 20 世纪后半叶的后现代建筑是对当时对现代主义进行修辞学上的操作、尝试相对化的行为所下的定义。总之，后现代是一种修辞学。例如，雷姆·库哈斯引用柯布西耶的坡道和密斯的巴塞罗那德国馆并使之变形。

由于在此使用了修辞学的比喻，让我们试着把建筑比作语言来思考。后现代并没有改变柱和楼板这些现代主义的语言结构，而是在它的延长线上。后现代散布着装饰的要素，更雄辩地说，它是在创作华丽的文体。

那么蜕变的现代主义是什么呢？在相同的条件下，也就是虽然人所拥有的口舌都没有变化（也许这相当于钢铁和混凝土这些材料），但现在所听到的却是另一种语言体系。上次伊东丰雄为了断绝自己身上现代主义的习惯，任凭通过信息化来推进结构技术的可能性。他的近作既有装饰，又与结构相融合，打破了装饰与结构的二分法。

（来自：第二回 青木淳演讲会的宣传单）

▓▓▓▓ 专栏 3 ▓▓▓▓▓▓▓▓▓▓▓▓▓▓▓▓▓▓▓▓▓▓▓▓▓▓▓▓▓▓▓▓

现代原为何物？

后藤武

　　这一点早在现代起源时便早已表述过了。现代的诞生，是对于自由的意识。建筑中不能动的不自由。与房间功能单一相对应的不自由。勒·柯布西耶认为，现代人是在建筑中自由地到处移动的主体，随着水平方向的推移而获得的视线是现代主义的突破所在。

　　而另一方面，密斯·凡·德·罗将房间解体。根据功能所划分的房间蒸发了，产生了各种行为同时共存的场所。看不到吃饭、休息、工作的边界线，这种状态留有引发各种行为发生的潜力。原本要追求这种多样的状态。这也是面向极度自由的意识。

　　另外，保障了这种自由，还有以工程为背景的建构学的问题。不论是多米诺体系（domino system）还是通用空间（universal space），只要是技术的问题，都是对在此体验的实质状态的发问。伊东对导出形的自由，以及在自由的形中人的行为自由的可能性的大胆尝试，确实是在这条延长线上。青木淳以"动线体"为研究问题，也能够在这个文脉中来理解。

　　因此正是现在，在思考新的建筑的应有状态时，意味着要整体思考形的问题，以及对于在那里的人的体验和人的活动（activity）。蜕变的现代主义无非是现代起源时所产生的自由意识和建构学的蜜月般的关系性，在一个世纪后再度以另一种方式重生。

（来自：第三回　藤本壮介演讲会的宣传单）

~~~~~ 专栏 4 ~~~~~

何为活动？

小野田泰明

　　不论是密斯的通用空间还是柯布西耶的多米诺体系，在现代主义初期常常能看到不指向"形态"而指向"空间"的痕迹。但文丘里似乎看穿了这不过是鸭子的变种而已（参照 2 卷 28 页），这种后现代主义把现代理解为以形为指向的表现，无法贯彻空间创造的意图。（只不过是没有实体的空隙（void），没有填充空隙的介质（ether），概念，就无法把存在实体化，这样的空间性格变成了障碍。）用某种空间介质填充空隙的概念无法实体化，就成为空间的性格的障碍。

　　考虑到这点，就能够理解现在以空间为指向的建筑师为何要提及"活动"了。这是因为着眼于介质概念的活用性。但另一方面，要区分空间和活动、构想两者之间的刺激和对应关系，在预示理论（affordance）和交互理论（transactional）等空间研究发展的现在十分困难。将像舞蹈般自由的人的活动作为介质一样来支配是决不可行的。

　　青木从与活动直接相关的"动线体"出发，转向以视觉为中心的"装饰"，可谓确实读懂了这种性格，藤本利用建筑和家具之间的尺度来追求建筑的规则，也似乎是无意识地要战胜这一点。到了伊东的"仙台媒体中心"，似乎感到了从"空间→活动"到"活动→空间"的逆转。西泽以空间的抽象度为指向，是通过去掉行为使介质产生幻视的空间表现，还是意图要构筑其他的关系呢？这是值得关注的地方。

（来自：第四回　西泽立卫演讲会的宣传单）

▓▓▓ 专栏 5 ▓▓▓▓▓▓▓▓▓▓▓▓▓▓▓▓▓▓▓▓▓▓▓▓▓▓▓▓▓▓▓▓▓▓▓▓▓

何为建构学?

金田充弘

　　不用术语严密的定义和词源的表述,如果按感觉来说,"结构学"就是建筑中"创造物质"的这个方面。让我们以钢铁为例来看看。"英国大铁桥"(1779 年建造的英国大铁桥 iron bridge 是世界第一座铁桥)是在用木、石、砖来筑桥的时代所诞生的第一座铁桥,因此还继续沿用"榫"和"楔子"等木构细节。另外,根据人们对于材料的印象,建筑也会发生变化。在钢铁价格高劳动力价格低的时代,会着重表现钢铁(能看到原材料),对使用方面则只会一般对待,而在当代,比起材料会优先对待使用性。像这样构成建筑的"物质"及其"创造行为"不只是单纯的物理层面,还与材料本身和从事建设的人们所处的社会、时代背景密切相关。

　　"建构"这个词对于建筑结构方面的使用很普遍,而建筑又具有环境设备的侧面。此后也应该要考虑流动于建筑内外的光和热的能量这种动态的建构吧。

绝望与爱

三浦丈典

　　我从现代建筑中所获得的最大教诲，就是绝望。

　　当然，我也不大了解他们满怀希望的时代，从未抱有过度的期待。但我还是暗暗对现代建筑感到绝望。这也许与在成年时获得的昂贵且精美的钢笔的经历相似。当时我拉出椅子一角，端坐其上，眼睛一直扫视四周，终于决定要用这支笔了，便笨手笨脚地灌墨水，却尽是渗墨，完全写不好。于是又把它放回原处，既不扔掉，也不去用它，带着的不是积极的悲伤感，而是尘封冷淡的绝望。戴上复兴的而充满乡愁的潇洒的有色眼镜（有点勉强的比喻），对于变成了钢笔似的现代建筑的溢美之词，我们早已生厌，已经多次用充满讽刺地冷笑搪塞过去。到底为什么会陷入这样的事态之中呢？如果能赶上当时的火车，就有答案了。

　　如果非常宏观地来概括的话，现代就是都市化，是一门目前的村镇场所变为都市、村民和镇民变为市民的课程。驱逐被视为威胁对象的外敌和灾害，为了确保理想的居住场所，总之为了消除不安，人们向往都市，随之小型的共同体和环绕它的自然被广布的交通网和高层建筑群所取代。生存环境变化了，当然，人也要被迫发生变化。政治、艺术等问题也同样发生变化。不能适应这种急剧发展的身心，发生摩擦，虽然曾经试图回归或独立，但还是无法反抗都市化的汹涌浪潮而来到了今天。当时的革命残留在记忆中，有所变化的只是，现在认识到其实革命后的社会几乎没有变化。说起来有点粗暴，但事实就是如此。那么，有打开这种闭塞的方法吗？老实说，虽然希望能知晓答案，但还是没有答案，如果拼命挤出一个答案，尽管叫人绝望，但是关键词果然还是"绝望"。

　　一开始不得不弄清楚的是，实际上本应有的"蜕变的现代主义"并没有产生。因此，这次的四位建筑师、主持人和相关人员，还有来到会场的人，一切的一切都是伪造品。请放心！如果有这样的决心，我们的绝望练习就能够安全进行了。因此对于这次的报道，由于对到现在为止仍未能特别好地完成而感到绝望，我要做出某种决意。就是无论如何都要尝试去完全接受对方。不，正确来说，是为了全部接受，不管怎样都不得不一度绝望。说到绝望，我觉得，不论怎么接受，但同时最终还是一个人，必须独自决定道路走下去，意识到自己的问题要自己解决的责任。我想只有在这个基础上，人才能信赖或理解什么。否则就会一边畏惧受伤和背叛，然后由于越发的困窘而归咎某人，一边不得不想方设法维持不彻底的姿态，结果什么也没解决（我曾经从现代中学到这点）。虽然似乎有点像在谈论恋爱，但我觉得恐怕这也没什么不同。尽可能地诚实，然后让自己心怀对方，睁开眼睛、竖起耳朵。绝望和接受并非是反义词，而是能够共存。这次所介绍的四个故事简直就是最适用的教材。虽然四人都身处全然不同的场合，朝着各自的方向，但因为大家都是以某个人的正确性为基础来创造这个世界的。这就是个人的正确性。我们没有时间去讨论一般意义上的正确与否，如果你在这四个世界环游过后，对经验主义与存在主义的相互斗争，现象与概念在狭缝中的纠葛，进行分类整理，便暂时感到痛快起来，将它们与生活垃圾一并扔掉。现在你应该知道你所追问的过去无济于事，总之人生苦短。虽然在很早以前流行说"政治正确"，但也早已自暴自弃地承认这种正确性并不成立，就像伪造的不在场证据一样，严密地说来，那只不过意味着政治权力的兴趣所在。还不如说确实存在的，并使世界发生剧烈变动的，是所谓个人正确的意志。虽然人要遵守各种各样的规则，但这并不意味着受万人之托的核心人物，也不意味着社会成为他人的榜样。不论宗教还是信仰，都与这种集团化的复杂群体不同。而且这种个人正确，与都市化之前的、例如自然界的要素或无意识的习惯这些因素一点也不相似。

当人目睹美丽的风景，初次置身于完全迥异的习惯中时，会在寻求本来的意义和理由之前，首先接受它们。而在内心深处必定存在着，靠一己之力怎么也敌不过的、对原本就存在之物的绝望和敬意。都市公民就是因为不想承认这点，为了虚张声势表示自己不怕狼，用电灯照亮黑暗，在危险场所设置围栏，不安和问题非但没有减少，反而增加了。

希望没有造成误解，我想说的并不是要舍弃都市，回归田园。问题不在于此，而在于自己与世界的关系。柯布西耶和格罗皮乌斯有解决贫困和难民的问题吗？虽然这样追问现代很简单，但这个问题本身早已被现代所入侵了。问题不在于此，面对着这一切浓厚的都市风景，我们难道无法像茂密的丛林一样与之接触吗？如同在丛林中一边对自己的渺小感到绝望，一边在其中探索生存之术。

由于建筑师这种职业会相信并讴歌尚未存在的架空场所的好处，因此也许暂且完全不需要悲伤或忧虑。但是绝不可以忘记。正是他们确实抱有某种绝望，因此把现存危机作为自身问题来解决。这次四位正是在方法上的各不相同，执拗地要远离教义、普遍说法之类的共同的东西。从明天起应该做什么呢？你我都绝不会知道答案。蜕变的现代主义是什么？今后的建筑潮流是什么？期待这些答案的人确实会感到绝望。但也没有关系（正如剧本台词）。我们也要有所转变，首先去接受最初便存在的东西，然后尝试去爱它。如果绝望依然挥之不去，那么最后试试单相思如何？这样的话，每个人都应该认真思考对此自己能够做些什么，应该怎样应付。恋爱是痛苦的。

原来如此，突然脑中闪过一个念头。把"alternative"翻译成日语，不就是"关于各种责任与爱情"吗？

关于自由

胜矢武之

在这次的系列讲座中，我们通过正在摸索建筑可能性的四位建筑师，探寻了建筑的现在。在清楚知道极度的单纯化之后，再对比他们的差异，在这狭缝中探寻建筑的现在。到底建筑现在获得了怎样的自由，又给予人类怎样的自由呢？

建构学 / 建筑的自由

现代主义建筑从排除风格化的装饰出发，将建筑分割为地板、墙、柱这些明快的最小单位，通过这些最小单位的明确组合来构成建筑。但理应以技术合理性为推动力的现代主义建筑，有时与合理的构筑相比，反而作为美学的"表现"得以成立，它为了这种抽象的表现彻底排除了其他因素。

伊东想要超越的是现代主义建筑所具有的抽象性与排他性。虽然被精彩地提炼成抽象的建筑很美，但这是在建筑师自我意识中完结自闭的美，是舍去本来应有的多样性、恣意地预定和谐的"表现"，对此，伊东通过与他人合作，或利用计算机演算来自我生成，从而将建筑解放到建筑师的意识之外。于是"表现"出由此获得的建筑的复杂性，总之要到达现代主义建筑的美所不视之为问题的地方。

另外，由于现代主义建筑排除装饰，把建筑限定在特定的复杂性和尺度上。对此青木着眼于装饰，在建筑表层再次导入尺度和解像度的相位。虽然建筑的规则和关系性确实是必要的，但对于人来说，则没必要将它们"表现"出来。更确切地说，青木认为，重要的是作为实体的建筑是如何被人感知的。这是与致力于"表现"空间关系性，这个与"本质"的现代主义建筑相对，从"表层"提出问题。

接下来，与要抛弃抽象性、从建筑关系性"表现"中解放出来的伊东和青木相对照，藤本和西泽关注的则是整体的应有状态。现代主义建筑以贯穿整体的强势的关系性为中心，以自上而下的方式将部分组织起来。与此相对，藤本所思考的"部分的建筑"，总是展开部分与部分之间的局部关系，以自下而上的方式创造出不定形的整体。因此藤本的建筑融入了各种各样的复杂性，整体上有如森林和聚落一般，形成了无中心、不定性的弱形态。

另一方面，西泽通过从空间中抽取出特定的关系性，彻底舍去除此以外的东西，彻底探究这种关系性的可能性，总是以自上而下的方式来形成建筑整体。与探寻不同于现代主义的方法论的伊东、青木和藤本不同，西泽通过特化和透彻理解，使建筑升华到不同于现代主义建筑的相位。

活动 / 人的自由

那么，和人的关系又是怎样的呢？现代主义建筑以功能主义的名义为标尺，对人类活动在语言和形式上进行测量区分。在均质的时间和空间上，如标本般的人类行为被分门别类。但是，人类活动并非能够如此明快地进行划分，建筑空间和人类活动本来就没有——对应的关系。

对于把人理解为力的流、要创造出作为能够承接它的盘子的流动的场的伊东来说，建筑会固定自由的事实，一直是建筑的问题所在。不过伊东通过"仙台媒体中心"的设计，则把建筑理解为一起事件，以这个视点来入手。建筑不是"物品"而是"事件"，可以说这是作为过程来理解。建筑不论在设计中，还是在竣工后，都会不断培育出无需预想的连续发生的事件。

青木也抛弃功能主义的空间分割，着眼于作为功能留白的动线，想要创造出作为"动线体"的自由空间。但在青木的"泻博物馆"中，设计成废除房间、就像在原野上"自由"行走一样，总让人感受到行走强化的游乐园的空气感。不是要做爱出风头的游乐园，而是要创造出自由原野的青木，远离以活动为根据来构筑建筑关系性的现代的方法论，要选取与功能无关的建筑形式。这是希望确保原野自由的青木的思想体现。而在从"动线体"到"装饰"的转换上，青木对建筑和人的关系的再次发问不在于空间的使用方式上，而是体量的体验。

藤本的建筑产生自对功能主义的基础：现代均质的时间和空间这一概念的疑问。在部分与部分的关系中创造出空间的藤本建筑，并没有对人类活动进行划分和锁定。空间经常充满着接下来要发生的活动趋势。同时，通过没有明确的整体，部分与部分之间的相互关系，藤本的建筑产生了许多错位和余白，这也诱发了预定以外的各种行为。

西泽的空间由经过严密研讨的关系性来调节。但是，西泽一方面给予空间如此坚固的框架，一方面又不添加超过它的表现，只提供像原来那样的空荡荡的空间。因此，这是能容许使用者不同使用方式的空间，与此同时，空间中所贯彻的关系性，作为时间来诱发人的行为的可能性。尺寸不同于固定做法的房间和洞口使人的行为获得了预定之外的开放性和"自由"。

西泽曾说，"设计建筑，也可以说是设计可能性。可能性不是现实，而是要创造变为现实之前的东西"，虽然形式与方法各不相同，但四位建筑师都不是要创造束缚人类活动的"现实"，而是试图要确保称作"可能性"的自由。但是，它们所追求的自由并不意味选项之多样（游乐场）。变为现实之前的可能性（原野），这才是自由。

人类绝不是自由的，而是被禁锢于日复一日的习惯中的存在。人类自由思考而行动，因此有必要经常创造契机将这些障碍物打破。总之正是一些无关的因素更能成为不确定自由的导火索。一方面是爱出风头的、功能主义一边倒的空间剥夺了人类行为的偶发的自由，另一方面，伊东"仙台媒体中心"的钢铁核心筒、青木与功能无关的空间关系性、藤本建筑所产生的间隙、西泽彻底形式化的房间，引发了人类行动的"自由"。

关于自由

不如让我们来引出一条辅助线吧。由于全球化和信息化，现在社会面貌确实持续在变化。这是一个能马上与想见的人见面、马上知道想知道的事情、马上得到想得到的东西的社会。现代主义就是以这样的世界为目标。但结果却也许是见不到不想见的人，不知道不想知道的事情，得不到不想要的东西，这种与预定匹配的自我完结的社会。这是一个趁我们不注意时，就渐渐被控制和监视的社会。虽然便利，但也是一个缺乏"自由"的社会。

在信息社会的发展过程中，作为实物存在的建筑和身体仍旧迟缓地存在着。然而，这种迟缓能使人获得"自由"。四位建筑师的建筑，不正谈到了这种偶发"自由"对我们的重要性，启示了在信息社会发展中建筑与身体的可能性吗？

系列讲座后 "建筑的现在"
蜕变的现代主义的时代与建筑
五十岚太郎

蜕变的现代主义并非复兴主义。它也不是要应对透明的玻璃建筑再次流行的现象。它也许是再度的现代主义。不只是回归到文艺复兴时期，而是要使建筑的理论和手法变得洗练，或者新古典主义不只是模仿希腊，而是要以探究建筑的起源为方向，后世的反复，诞生了新的意义。建筑在受到各时代技术·社会·文化状况的影响下一直在变样。无需赘言，在现代主义诞生的 20 世纪之始和蜕变的现代主义登场的 20 世纪末，显然具有迥异的背景。因此，蜕变的现代主义不是复兴。

究竟现代建筑属于怎样的时代呢？第一，从技术来讲，当时已经能够使用代替砖石的钢·玻璃·混凝土。如此开辟了从墙承重的厚重的砌体结构到梁柱承重的明快且轻巧的结构之路；第二，从社会层面上看，从王权国家转变为人口激增的大众的都市社会，结果，相比起宫殿和纪念碑，集合住宅和公共设施等成为了重要的建筑类型；第三，从文化层面看，汽车、飞机等新机器成为建筑重要的意象之源，以摄影为主体的建筑媒介变得发达起来，以形式为主角的功能主义在叫嚣，上镜的设计在流行。

那么，现在的建筑背景条件是什么呢？

第一，虽然也在探索铝、纸等材料的可能性，但钢·玻璃·混凝土等基本材料与 100 年前基本没有变化。这也是认为 21 世纪初的建筑造型很大程度上受到现代主义的框架规定的理由。反过来说，在革命性的新材料登场之时，应该就会放弃现代的语言了吧。另一方面，由于计算机性能的突飞猛进，复杂的结构计算成为可能，并且带来了生产过程的变化。它与标准化和规格化相对抗，也许应该说是在相同生产线上制造出相异物品的"非标准秩序"（蓬皮杜艺术中心）。例如弗兰克·盖里（Frank Gehry）的"毕尔巴鄂古根海姆美术馆"便是技术的赐物。第二，社会结构进一步流动化，向解体阶级制度的网络型转化。妹岛和世＋西泽立卫的"金泽 21 世纪美术馆"就是将这样的空间形式具象化吧。另外，日本的情况是，利用设备更新的扩张策略已达到极限，受到少子高龄化和环境问题的影响，正在寻求织入修复的可持续体系。第三，无定形的图像，所谓虚拟建筑担当了最易理解的方法。那是在另一个世界里自由变形的建筑。但是，像伊东丰雄的"仙台媒体中心"，既是实现了的建筑，又在设计和程序的层面上，附加上信息化社会的意象。

　　如果以此为前提，纵观在蜕变的现代主义系列讲座中亮相的四位建筑师，便会发现装饰和形式的主题。伊东丰雄提出了超越装饰与结构割裂的造型；青木淳从尺度和解像度的视点出发，重新追问装饰的应有状态；西泽立卫也同样，通过改变倍率来观察世界，从而创造出细微的偏差，刷新建筑的形式；藤本壮介则致力于探索既简单又多样的空间形式。装饰和柔软的设计，在现代时期的建筑运动中本来曾有过多样的尝试，但后来被称为主流的现代主义所压抑了。因此，再次导入现代主义的外围事物，可以说是另一种可能性吧。

另外，虽然抽象的形式的确是现代主义所依据的主要特征，但它不能发现所有的可能性。这意味着从内部侵蚀现代主义。与后现代主义着眼于形式的修辞操作或符号论、地域性相对，蜕变的现代主义将装饰和形式这些建筑的固有要素从根源开始重新组织。这确实是尽可能地解除技术·社会·文化的拘束，开启建筑自由的运动。

炼金术还是航海术

小野田泰明

炼金师

"盖里的作品特征在于回收利用腐败且两极分化的都市风景，明快开放地运用舒适生活方式的表现，甚至可以说是改观为黑暗波普的做法。明快的几何学与复杂的阶级系统组合在一起，最大限度地利用类似好莱坞中心区、皮科联盟地区的'恶劣的都市空间'，这是一种炼金术。"（《要塞都市 LA》/原题：《City of Quartz》）

现代问题为专家系统所独占，发现由自动扩张所引起的社会侵蚀的伊里依奇（I. Illich）将医疗、交通和教育列举出来，作为最显著的三个领域。但是，社会的展开在这之后所显示的是，通过领域呈现出显著差异的侵蚀的实情。

医疗设施计划的基础早已变为由包含了最新设备、制度和经营的管理战略和吸引消费者的有魅力的市场战略等所构成的管理技术综合体；在交通设施方面，火车站和机场等可见的过剩的表象化，与准时快递和监视系统等不可视的网络化这两极呈并存状态进行着。虽然教育设施是唯一作为传统的问题领域而保留下来的，但在围绕教师社会威信低下和学力这些问题上的迷失，再加上由于少子化而产生的重组，这个领域正是一片混乱。从以上各领域显著的个别性来看，便能领会对作为使现代性改观的背景的各种力量给予关注的必要性。必须把伊里依奇的观点再向前推进。

开篇引文的作者戴维斯（M. Davis），通过收集他所深入研究的政治与经济中每天的格斗，在他的著作《City of Quartz》中细致地描绘出都市所交织出的模样。都市作为力的启动空间，瞄准这一点，成功地捕捉了处于背景中的多层的关系性。不过，这里讽刺的是，他对于建筑师的发现是，顺应流行要求创造出"恶劣城市空间中的精华"的炼金术。要是这样，那么"蜕变的现代主义"这部分也不过是炼金术的公开讲座罢了。

现代性与合理性

不论如何，还是试着稍微考虑一下触发现代性的各种力量吧。众所周知，现代人的动机根本在于"合理性"（实践合理性、理论合理性、实质合理性、形式合理性），这是马克斯·韦伯（Max Weber）的理论。韦伯把现代描绘成"官僚制"席卷，并面向获得形式合理性的社会的时代，而近年的里泽尔（G. Ritzer）则不停留在这种形式合理性，其实是官僚制的专卖特许上，而着眼于以跨国企业为中心的广泛共有化，继而产生了世界规模的以合理性为希冀的"麦当劳化"现象。这里的合理性，被统合为复合了效率性、可预测性、可计算性、高度控制（去人类化）这四个基本次元的系统，以及超合理性。这种通过卷入金融和其他领域，从而实现多方面（规模·他领域·垂直方向·制度）膨胀的现象似乎能让人看到推动现代性的诸多力量（笔者在 30 页图 02 中所画的箭头就是表示这种膨胀的矢量）。

摆脱深陷其中

这张图的关键词是交换可能性，也有可能表述为从文脉中解脱出来的可能性（＝摆脱深陷其中）。接下来我想以两个在 "蜕变的现代主义" 中所提到的美术馆为例来说明这个摆脱深陷其中。"金泽 21 世纪美术馆" 和 "青森县立美术馆" 在文脉上均采用了优质的图式，即使在实际的文脉下也有可能为有效运作实施细致的调节。另一方面，这张图表甚至十分可能被去文脉化锻造得简明有力。换言之，在文脉内彻底独自性的一方，完全确保了超越文脉的去深陷性。这种同时满足乍看矛盾的双方的情况正是 "蜕变的现代主义" 的重要局面。

另外，视当代为高度现代化（彻底的现代性）的吉登斯（A. Giddens）表示，虽然现代性活力在时间与空间的分离、去深陷、复兴的秩序化这三方面正在缩减，但正像前面以摆脱深陷其中为关键而展开的论述，"蜕变的现代主义" 并非丢掉现代性去另辟蹊径，而其实就是彻底的现代性。

另一方面，商业建筑居多也是这次系列的特征。在国际战略中客户所练就的精致的合理性，和实际上由使用人群的关系／行为交织出的街道个性的狭缝中，伊东、青木、西泽的建筑也采用了达到极限的纤细化的图式设定（建筑≈表层）和高抽象性的表现，巧妙地避开了迪斯尼乐园化（≈麦当劳化）。不是为了获得合理性的希求，而是通过改变使图式滑入的方式来确保自由度。我想这也是 "蜕变的现代主义" 的一个侧面。

活动

在实际的行为层面又是怎样的呢？虽然在系列讲座中把行为与活动混为一谈，但它们却应该分别表述为人类活动流的结构化对定期进行的行为模式的空间应对。换言之，将活动流置于事后结构化的前者，在受到文化、制度、经济影响的秩序和建筑之间，是随时发生的事情，空间和行为的关联看上去应该是在相对较小规模上的。然而后者与行为的对应也不过是与微弱的亲和力有关，总之，很难用它来作为整个知识结构的决定项。

当然，也并非不能发现活动与行为相关的独特表露。西泽的"船桥公寓"，既是设计师公寓这种处于消费尖端的商品，居住者又要自己拼装并且必须要收拾自己的居住环境，从而成了引发与消费相对抗的行为的场所；（藤本的"援护寮"中像家庭旅店一样狭小的玄关，以这种尺度的错位，不采用"家"这种陈腐的符号，使之不成为一种设施，从而成功地给予使用者一种"在哪里"的印象。）

最终，"蜕变的现代主义"是什么呢？

讲座的受邀建筑师均与扩张抽象性设计的方向相反，巧妙地摆脱了超合理性，采用对过往框架仅仅稍微错位一下的知识结构，借助社会的惯性力，似乎让人看到建筑在社会中定位的可能性打开了。"蜕变的现代主义"作为表示这个社会自身的替代的概率，也许最终会被回收。

当然，情况绝非乐观。建筑师作为炼金术师（≈御用倾听艺术家）卷入其中的对持续膨胀的合理性的需求，使到处现成的"易懂性"繁茂起来。这导致了想象力荒废症候群，还打下了使形式合理性进一步扩张的基础。在多样性的层次复杂混合的现在，突然交织出为了能同时产生这种多层次的现场。"蜕变的现代主义"让人看到作为日本当地的航海术的可能性。

参考文献

《漂泊的现代》A. Appadurai 著，门田健一译，平凡社，2004

Davis. M（1992）. City of Quartz. New York：Vintage Books（《要塞都市LA》，Mike Davis 著，村山敏胜 + 日比野启译，青土社，2001）

《现代究竟是怎样的时代》A. Giddens 著，松尾精文 + 小幡正敏译，面立书房，1993

《交往（communication）行为理论（中）》J. Habermas 著，藤泽贤一郎译，未来社，1986

Rapoport. A.（1977）. The Importance and Nature of Environmental Perception. In Human Aspects of Urban Form. New York：Pergamon

《麦当劳化的社会》G. Ritzer 著，正冈宽司译，早稻田大学出版部，1999

《社会学的根本概念》M. Weber 著，清水几太郎译，岩波书店，1972

《配置（layout）的法则》佐佐木正人著，春秋社，2003

蜕变的技术

金田充弘

回顾这四次系列讲座时，我希望从每次讲座中提取出自己非常感兴趣的词，作为思考"建筑的现在与将来"的线索。把从建筑计划学的或历史的观点出发的讨论交给小野田、五十岚和后藤，如果聚焦在把建筑作为坚固地建造这种技术的视点上来的话，记忆中特别留下了两个关键词：一个是青木的"复杂的现象"，另一个是伊东的"农耕的"。

每当被问到"是否有开启建筑未来的新材料或新技术"，我都会回答说"没有"。我想，像玻璃、钢、混凝土技术给予现代建筑以巨大影响那样，技术直接改变了建筑的应有状态，这样的事件已经不存在了。建筑在那之前的反应也不迅速。技术的进步加速了我们生活方式的改变，而作为其结果，建筑也发生变化，我以前认为这种间接受动的变化的想法较为妥当。但是，在参加这次系列讲座之后，我想要尝试再次思考对于建筑的现在和将来的技术，尤其是作为实物存在的建筑建造技术的可能性。

现在……不是复杂的物质，而是复杂的现象

具有复杂（也可以说是自由）形态的建筑正在增多。这是因为把复杂形态归纳为简单规则的解法，以及为此服务的工具渗透到设计过程中吧！复杂形态的建筑，可谓是物质本身复杂的建筑，现在的做法无疑是勉强而为之的。并非不能勉强，这是当中的一个水平。通过能够自由处理复杂形态的计算机软件，设计过程有了飞跃式的变化，与此相对，这种建筑的实现方法几乎没有变化。就连受空中交通工具的 CAD/CAM 技术所驱使的弗兰克·盖里的建筑，与设计时的自由度相比，不得不说是相当勉强地建造。现状就是这样。伊东和塞西尔·巴尔蒙德合作的建筑也同样，虽然对设计时生成形态的计算机演算非常感兴趣，但伊东也曾说过"还不清楚要如何建起来"，建造方法是相当后置的。

　　如果以此现状为依据，那么就可以认为青木的"复杂的现象"的表达是对现在非常正确的理解。在现在的建筑技术中所能产生的复杂性，不在于建筑的形，而在于表层的"现象"。单纯让平凡的物品，通过设计上的操作来演绎复杂的现状，我想这对于现状来说是最合理的解法。然而，在如此拼命地非创造出复杂性不可的过程中，却不存在任何合理性。正是简单、单纯地创造出复杂性，才涉及到创造复杂事物的合理性。"建造的合理性"赶不上"设计的合理性"这种现状，自由地设计复杂事物，反映了在虚拟世界中，不考虑建造合理性也可行的现状。

未来之物……"农耕的"建筑？

　　只能看见一部分建筑师所建的一小撮建筑，这个趋势没有终结，在下一个或下下个时代，会出现最普通的、不论在什么建筑中都能使用的、司空见惯的、广泛应用的、经济的技术吗？我想试图以伊东使用的关键词"农耕的（agricultural）"为基础来思考。Agriculture 是"agri–（田）+culture（耕作、栽培）"，本来与"组装部件来构筑"的建筑有很大差异，而在想要建造农耕式的建筑时，材料、建造方法与此前有什么不同呢？

我在第一次见到 Propia 公司的空调广告宣传时受到了冲击。在看到广告的那一瞬间，一幕幕场景在脑海中拂过。首先，我们这个世代的男性（包括我自己）都感到很安心，由于得到特许，无异于公司的股票是一定会上涨的吧（虽然如果没有投资资金也没有意义），而在与皮肤密切接触的部分，会有"这到底是什么呢？"的感受。在刚看到广告的瞬间，我觉得是某种紧贴自己皮肤的人工皮肤之类的东西（实际上是与皮肤的角质层同样薄的超级薄的超自然表皮材料，但它的实际状态完全不能从它的名字上了解到）。说到"由像人工皮肤一样的外装修材料包裹的建筑"时，会回到"厌恶情绪"的反应上来。有如与皮肤相同的细汗毛生长着的外装材料……的确让人生厌。人工皮肤早已有能够从自身细胞组织培育的技术，因而是无色的。之所以能够看见人的肤色是因为透出了血的颜色。这层皮还具有多孔性，能使氧气和水分适度透过。

如果像再生医疗领域中的"人工皮肤"这样的话题比较极端的话，那么我再来举一个更形象的例子。首先，预想今年有相当于历年数十倍的花粉在飞，然后试着设想这数十倍的花粉全年都在飞。当打开玻璃窗时，在现在的纱窗细密的滤网上还多了一层培养出数十万倍植物棉毛的生物皮肤，这层生物皮肤也充分考虑了要实现建筑空间的环境要求。这里重要的在于物质并非从原材料中生产出来，有从生命或以其为模子培育出新材料的可能性，其"功能"是扎根于生命的某一个点。

想到数年前青木与佐佐木睦朗的对话，我记得曾读到一段很感兴趣的话：蟹钳的形态是从钳的用力出发，自然地形成最适合的形态，通过力学最适合的程序，使形态生成的过程得以再现。并非对贝壳形成结构上的优质形态这一类的"形态"模仿，新鲜点在于深刻思考为什么会发育成这种形态的生物模仿。在设计的过程中，作为最终产品的形态，与此形态的生成过程本身之间的障碍变得很低。但是，"生成过程"与产品仍未完全统合。如果形态及其生成过程的结合是可能的话，那么设计与制作、意匠与工程之间的界限便变得暧昧，变得更统合了。

从单纯且还原到简单状态的假设，转移到更现实地接受复杂事物原本复杂的样子的思考方法，这是作为时代的反应，或作为设计上的隐喻和灵感来给予建筑以影响。但是，从此不视之为表现，而是在 performance（性能）这方面把建筑考虑为更接近生命的会发生变动的事物吧。我想这里的"建造方法（construct）"并非"一同（con-）累积（struct）=建设"，而应该是朝向"栽培、培养（culture）"的方向吧，朝向使与环境共生成为可能的"蜕变的建筑"。真期待由此产生的建筑的可能性。

自　由

后藤武

　　阿道夫·路斯曾说"装饰就是罪恶"，这创造了在现代建筑中排除装饰的直接契机，他也因此而为人所知。然而，路斯自己的建筑中却频频出现可以看做是装饰的要素，因此他也常常被人说到他言论与建筑之间的矛盾。

　　路斯认为装饰是被统一了的"单一的"样式，是要覆盖满整个房间的东西。这样统一的设计有时候会将居住者置于一个压抑的统制之中。要是买些什么回来的话，就会一下子打乱这一统一的样式。在20世纪初的维也纳，路斯指出已经到了必须破除这样的统一性的时候。现代的房屋所处的状况是必须使得逃离了样式的不同东西相互共存。而装饰的存在则将居住者暴力地束缚住了。统合的超越性样式常常会由于混杂在一起的零散的要素而招致破绽。这样的话，倒不如没有装饰。那么如何才能设计出让各种各样的东西能够同时共存的场所呢？这一问题随着进入现代浮现了出来。

　　在20世纪初的维也纳，根据路斯所说的，在世界上建筑作为容器不断地接受着被置入的五花八门的要素，人们也开始对这样的建筑进行思考。然而此后，现代建筑的潮流中，路斯的想法被搁置在一边，现代建筑纯粹作为白色的符号流行起来。装饰被否定。从中产生的是，去除了多样性的简单白色的抽象性。其中路斯提出的要创造异质的东西混合的场所的理由则渐渐淡化了，而某种坚若磐石的现代建筑的印象则渐渐固定下来。

　　当然，无论是勒·柯布西耶还是密斯·凡·德·罗，在他们的晚年都可以看出想要创造出多样的场所的动机。柯布西耶晚年的作品中，之前的编辑连续画面的电影手法被解体，人的行动变得自由，同时并发的冲突在场所中产生。密斯的所谓"通用空间"则会产生拘束很少的"自由"的场所。这些都是围绕着多样性研究的归纳总结。

　　众所周知，柯布西耶在 1914 年提出了"多米诺体系"。这是个将结构与围护部分分离，在其中能够置入各种东西的模式。结构自成体系，因此此外的要素变得相对自由，这就是这一模式带来的效果。无论对于柯布西耶还是密斯，保障"场所的自由"的既有柱网，也有基座。他们的多样性是基于同样系统的幕后的多样性。

　　路斯又如何呢？建筑师将一块地毯铺在地上，然后再在四周吊上四块使它们成为墙壁的样子。但是因为用地毯是无法建立一个家的，所以无论是脚下的地毯还是墙壁的地毯，都需要使之得以保持在合适位置的骨架。"遮盖原理"，也就是穿衣服来遮盖身体这样一个问题同样对于建筑也是最原始的课题，建筑就是思考对于人类的身体和皮肤合适的表面。路斯将装饰与结构的二分法在现代建筑的开端进行了颠倒。结构作为持久的东西存在，装饰作为善变的外表而存在。结构是本质的，装饰是附加的。这种形式本身就是路斯想要相对化的。

　　将密斯和柯布西耶作为模范，作为变奏生成而产生的20 世纪的建筑，路斯根本性地指出的多样性，并非是概念层面而是现实层面的异质的共存，他将这些作为问题，但是结果看来还是没能完成。

　　经过了 20 世纪，我们又一次回到了现代主义的原点。从蜕变的现代主义这样一个概念观察到的建筑都让人感到这样的感觉。在对于密斯和柯布西耶作为依据的网格本身的再次追问与操作的尝试，和使用装饰再次重建空间构筑的等级性的尝试中，同样可以看出这种感觉。

　　我们生活在历史长河的横断面之中。我们能够触及的只有这个最后的横断面。20 世纪建筑的历史看起来往往像是华丽的流派的交替演出。历史一定会无休止地被重复。但是这种重复可能会成为一种全新的经验。这种重复究竟是会成为单调的重复还是全新的经验？我们对此肩负着重大的责任。

后记
创造的行为，被创造之物
栗原礼子（TN Probe　策划总监）

　　本书的开头，关于这次系列讲座的目的写的是"完全认清建筑的存在方式与形式的问题"。通过探究建筑师超越"形式"想要设计的东西，来看看能否看清如今的建筑前进的方向？为此我们开始了这个连续讲座的企划。出发点是1999 年 TN Probe 举行的研讨会"PROBE 01 国际化的都市与建筑"。伊东丰雄先生在其中谈到了关于"建筑暴露在消费之中的当代的状况之中，应该如何创造出不与城市断绝，并且拥有社会共同感的空间呢？"的问题，以及作为建筑师所遇到的矛盾。此后过了数年，伊东先生好像排除了一切迷惑，开始精力充沛地发表有着前所未有个性的作品。现在，应该可以听到关于六年前的矛盾的解答了吧。除了伊东先生以外，通过其他试图挑战前所未有的"形式"的建筑师的发言，我们应该也渐渐能看清"建筑的现在"了。

　　为了通过一系列的讲座来探究还没弄明白的东西，单单凭借罗列新建筑是无法做出归纳的。为了探讨什么是新的，有必要在某个框架之中进行比较并进行共性和差异的验证。也就是本书之中后藤先生说的"框架（major）"。通过暂时地带着所谓的蜕变的现代主义这种框架来看，究竟能够怎样看待"建筑的现在"呢？这样，讲座的初步假设也就开始了。主持人、企划合作者与六名报告人在本书中给各自把握的"建筑的现在"适当地定了位。建筑规划师、结构师、历史学家、建筑师，正如他们的不同背景一样，他们对于平日的建筑不同的立场也表现出不同的见解。

我自己通过演讲强烈感受到的是一种意志。各位讲师通过追溯自己的作品，将自己在建筑设计中的追求和尝试与现在感兴趣的话题相联系，自己进行整理，极为细心地展示给各位听众。作为建筑师客观地看待自己的工作，然后通过主持人这种他人的视点来进一步深入刻画，四位的发言中，有着"想创造新的东西"这样共同的强烈意志。他们通过设计这一行为，尝试新的建筑存在方式，借此来推动城市与社会中的人们的体验，这就是他们真诚的姿态。

西泽立卫在讨论中说"创造建筑，也是创造可能性"。在给出建筑这一"形式"之后，使用者会怎样发现并发挥这一空间的魅力呢？他同时期待和尊重着这种他者性。从"创造的行为"到"被创造出来的事物"的过程中蕴含着可能性，其中能够感受到已经被开放的自由。要创造出能够传达给他人的可能性，作为开端的建筑师的职责有多么重要，从这里也可见一般。

"建筑的现在"没有终点。在连绵不断的这一长河中即使仅仅是以切取其中片刻的形式我们也想将其掌握，做出这样的尝试的这个系列讲座仅仅存在于 2004 年的"现在"，在此登场的建筑师也应该已经进入下一阶段的思考了。在书上见到这次的演讲的读者，希望这也能成为你们思考自己的"建筑的现在"的契机。这也是我们这次"蜕变的现代主义"企划的本意。

最后，在此我想对给予帮助的各方表示感谢作为结束语。特别是，对于理解了这次的主旨，进行了细致的准备，进行了演讲的四位讲师，我表示真挚的感谢。此外，对于协助了演讲会和本书的五十岚太郎、小野田泰明、金田充弘、后藤武、矶达雄，我也要致以深深的谢意！对每次都以锐利的批评视角发表充满激情的报告的胜矢武之、三浦丈典两位先生以及编集的石田贵子、设计的黑田益郎，还有在各种场合给予我们支持的所有人，我都表示由衷的感谢！

简历

五十岚太郎（Taro IGARASHI）

建筑史家 / 东北大学　教授

1967 年生。1990 年东京大学工学部建筑学科毕业。1992 年完成同校大学院硕士课程。2000 年获得博士（工学）学位。2002 年起任中部大学工学部建筑学科讲师，2005 年起任现职。另外任东京大学、东京艺术大学、横滨国立大学非常勤讲师。现还供职于 KPO 麒麟广场大阪委员会。著有《终结的建筑 / 开端的建筑》、《新宗教与巨大建筑》、《现代的神灵与建筑》、《战争与建筑》、《读游世界名建筑》、《过防御都市》等。编著有《READINGS 1：建筑的书籍 / 都市的书籍》、《从空间到状况》、《Renovation Studies》等。合著有《矶崎新的革命游戏》、《矶崎新的建筑讲义》、《TOWARDS TOTAL SCAPE》、《建筑类型的解剖学》等。共同编著有《20 世纪建筑研究》、《建筑关键词》、《EDIFICARE RETURNS》等。

矶达雄（Tatsuo ISO）

Flick Studio 负责人，桑泽设计研究所非常勤讲师、武藏野美术大学非常勤讲师

1963 年生。1988 年名古屋大学工学部建筑学科毕业。同年进入日经 BP 社，任职于《日经建筑》编辑部。2000 年辞职后，任 Flick Studio 共同代表至今。2001 年起桑泽设计研究所非常勤讲师。2008 年起任武藏野美术大学非常勤讲师。

小野田泰明（Yasuaki ONODA）

建筑策划者 / 东北大学大学院工学研究科　教授

1963 年生。1986 年东北大学工学部建筑学科毕业。1996 年起任现职。1998 ~ 99 年任加利福尼亚大学建筑都市设计学科客座研究员（文部省在外研究员）。现任文化经济学会〈日本〉理事、日本建筑学会建筑计划学术体系小委员会委员、新仙台市天文台配备·运营事业者选定委员会委员。2000 年以来参与的设计·规划作品有：仙台媒体中心（2001）、熊本艺术广场·苓北町民会馆（2002）、仙台市营荒井集合住宅（2004）。进行中的项目有：横须贺市美术馆、伊那东小学等。曾获奖项有：1996年日本建筑学会论文奖励奖、2003 年日本建筑学会作品奖（与阿部仁史

共同获奖）等。

金田充弘（Mitsuhiro KANADA）

东京艺术大学美术学部副教授

1970 年生。1994 年加利福尼亚大学伯克利分校环境设计学院建筑学科毕业。1996 年完成同校研究生学院工学院土木·环境工学硕士课程。同年进入 Ove Arup & Partners。2005 年起在其伦敦事务所工作。主要结构设计作品有：横滨国际综合竞技场火炬台（1998）、Mind-Body Column Osaka（2000）、银座爱马仕总部大楼（现代版五重塔建筑，2000）、砥用町综合林业中心（2003）、东村立富弘美术馆（2004）：东村立新富弘美术馆（2005）、珠洲市多功能大厅（2006）等。曾获 2002 年松井源吾奖（银座爱马仕总部大楼）。

后藤武（Takeshi GOTO）

建筑师 / 横滨国立大学工学部，法政大学设计工学部非常勤讲师

1965 年生。1993 年完成东京大学大学院综合文化研究科（表象文化）硕士课程。1998 年完成同校大学院工科系研究科（建筑学）硕士课程。曾于隈研吾建筑都市设计事务所工作，2001 年成立后藤武建筑设计事务所。2003 年共同参与 UA（United Architects）计划。至 2004 年 3 月任庆应义塾大学环境信息学院专任讲师。2004 年 4 月起任中部大学助教授，另外任庆应义塾大学理工学院工学部、横滨国立大学非常勤讲师。主要作品有：马头町广重美术馆（2000）、那须历史资料馆（2000）（以上为在隈研吾都市设计事务所期间的负责作品）、镰仓山的住宅（2004）等。合著有《未来都市的考古学》《设计的生态学》，共同编著有《20 世纪建筑研究》《设计语言——感觉与理论结合的思考法》等。

三浦丈典（Takenori MIURA）

工学院大学、早稻田大学艺术学校、横滨国立大学非常勤讲师

1974 年生。1997 年早稻田大学理工学部建筑学科毕业。1999 年完成伦敦大学 Bartlett 学院 diploma 课程。2004 年早稻田大学大学院博士课程满期退学。2001 ～ 2007 纳斯卡一级建筑师事务所、2007 年设立 starpilots 设计事务所、2007 ～ 2009 横滨国立大学建筑都市学院 Y-GSA 设计助手。

胜矢武之（Takeyuki KATSUYA）

建筑师 / 日建设计

1976 年生。1998 年京都大学建筑学科毕业。2000 年完成同校大学院硕士课程。于同年进入日建设计，工作至今。

蜕变的现代主义 **1**

伊东丰雄

作为生成过程的建筑

2004 年 2 月 25 日

TN Probe 系列讲座《释放建筑自由的方法——从现代主义到当代主义》

第一回 伊东丰雄《作为生成过程的建筑》

主持人 小野田泰明 金田充弘

翻 译 平 辉 郭屹民

从人类肋骨般半拱结构的下诹访町立诹访湖博物馆，到最近的由五根螺旋曲线沿着弯曲的轴线旋转而成的海螺状结构的托拉维亚休闲公园（Relaxation Park in Torrevieja），进而到由连续的网状编织物形成的螺旋状的科因布拉圣克鲁兹公园（*Santa Cruz Park in* Coimbra），建筑学的分形化与复杂化进程正在被不断推进。圆形和正方形这些基本图形正被更加美妙的几何学淘汰，几何学亦正朝向一个前所未知的领域演进，这一个个运动的质点已形成轨迹。作为承载社会意识和时代背景的媒介，建筑已开始通过自身的形态蜕变来呈现这些，并以此来获得自身存在的意义。

——伊东丰雄

目 录

左页，松本市民艺术馆的玻璃纤维
预应力混凝土（GRC）墙板

介　绍

小野田泰明 + 金田充弘

小野田　因为今天是系列讲座的第一回，所以在讲座开始之前，我想先就关于什么是"蜕变的现代主义"作一个简单的说明。

就建筑设计而言，我们可以感觉到近年来的建筑师往往会摒弃抽象或者还原传统这样的方法，转而去探索那些能够实现更加广义合理性的设计方法。比如融合了活动的自由境界，或者是融合了生成法则之后的动态结构原理，或者根据人类情感和物欲变幻的多种可能性缝合出表皮的组合。通过这些新道具的使用，现代主义在其最初所未能实现的那些更高级别的构筑似乎已经成为了可能。

这一系列的讲座，试图将现代主义的另一种可能性，即"蜕变的现代主义"看成一个假设命题，并通过与正在使用这些最新方法进行创作实践的建筑师们的对话，来重置我们的假设，令我们能看清其发展轨迹。所以，我们最初也不能够明确地定义"蜕变的现代主义"，但我们希望通过这一系列讲座，形成一个具有自我生成性的、结论开放的概念。今天是第一轮演讲，我想首先有请处于这一潮流中心且备受瞩目的伊东丰雄先生登场。

伊东先生不仅在各种媒体上介绍自己的建筑作品，他本人也阐述了各类建筑理论，我觉得伊东先生或许是现在媒体曝光率最高的建筑师之一。不过，今天我并不想单纯地聆听伊东先生的演讲，而是希望一起互动地来探讨这一概念。

为了明确今天演讲的方向性，我事先准备了幻灯片作为提示。首先是勒·柯布西耶①住宅的室内透视图。在他早期的草图中经常画有被他称为"贵族野性（Noble Brute）"的人物，他们都拥有光辉理想的身体。柯布西耶为了完美地展现他那流动的空间意象，在这里设定了这样"强壮"的身体。

伊东本人不仅在"东京游牧少女的包"（图01）、"City"中涉及到二重身体的概念，在其自己的建筑作品中，也经常谈论到身体的重要性。在"仙台媒体中心（Sendai Mediatheque）"之后，他对于身体的理解方式较之前已有了一些变化。一般来说，在"蛇形艺廊2002"中，"形"在"面"上的转换已给人非常深刻的印象。不仅在"活动"的层面上，我个人认为在身体的层面之上也发生了改变。伊东先生本人现在所考虑的理性化的身体形式是否是这样呢？我

---

① 勒·柯布西耶（Le Corbusier）（1887~1965）建筑师，画家。创立杂志《新精神》（L'Esprit nouveau），近代建筑界理论和实践两方面的领袖人物，并率领创立和运营国际现代建筑协会（CIAM），提出全球多个城市的规划方案。代表作包括萨伏伊别墅（1931）、朗香教堂（1955）、昌迪加尔州会议事厅（1951）等。

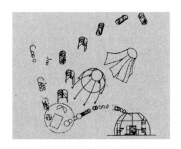

图01　东京游牧少女的包／1985

想请他在讲座之中阐明这点。

金田 蛇形艺廊的几何学（geometry）[1]生成采用了数学演算法（algorithm）[2]（图 02）。这样可以通过设定简单的规则，推导出复杂的形，也可以理解为在看似复杂的事物之中蕴含着简单的法则。

其实，最近我也培育了各种各样的药草，在观察中，我发现它们的树形完全不同。在刚出胚芽的阶段是无法进行分辨的，而当双叶长成之际，我们就能分辨出它们的角度以及叶片的数目等，它们都有着简单的规则。当然，这些植物周围的人类活动也会影响它们：比如精心的栽培会令它们茁壮成长；置之不理数日的话，它就会枯萎发蔫。另外，随着日照与气温条件的变化，其生长情况也会千差万别。虽说生长的规则只有一个，但在成长的过程中却存在着无数个可能性。我认为伊东先生也意识到植物其实是一种模型，而这个模型正是伊东先生所说的"并非完结，而是能够继续生成之

---

① 几何学（geometry）运用于决定建筑形态的理论。
② 数学演算法（algorithm）为解决对所给予问题所进行的一系列程序、步骤。这里指：为了对计算机发出程序指示所作出的编程文件。

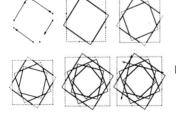

图 02 "蛇形艺廊（Serpentine Gallery Pavilion）2002"项目中数学演算的设定方法。尝试通过将正方形旋转，从而产生规则性。

物"的最佳写照。

另一方面，所谓建筑，只有通过设计与建造阶段所呈现出的那些非常动态的流动过程才能成立，而作为建造结果的"建筑"却又是完全固化的产物。对此的一些思考也是我今天想请教的。

讲 演

伊东丰雄

今天的讲座同一般的近作介绍的讲座有所不同，因为主办方定下的主题非常难。与其说，这是个讲座，不如说这是将我们事务所正在进行的一些实际项目做一个介绍。我尽可能地以现场的形式作介绍，所以我并不自信能很好地讲清楚，我想，大家会对一些项目的介绍发出"咦！那样的东西也做过！"的感叹。

首先，先给大家讲一下我对"建筑"的理解。到现在为止，我自己把已建成的建筑称为"作品"。与其说，每个建筑都各自具有自身意义，我倒认为不同的项目之间其实是在并行发展，这就像由许多支脉缠绕形成的网格一般，从这里又会衍生出其它的支脉，在相互之间关系的整合之中，又拓展出新的设计过程，这其实是我今天想和大家一起分享的内容。

对我来说，一个"已经完成的建筑"的意义已经变得越来越稀薄。这就是前提。

从纯净的明快到复杂的暧昧

5 年前（即 1999 年），仙台媒体中心正在建造时，TN Probe 举办了名为"交融建筑"（Blurring Architecture）[1]的展览会。因水平有限，当时为展览会准备的介绍手册上所写的有些内容让人难以理解。但我可以感觉到，现在我所思考的内容，在当时就已初露端倪（图 03）。

如果将我现在思考的问题用当初在"交融建筑"展览中提及的观点表示的话，就是："从纯净的明快到复杂的暧昧"、"从排他走向包容"。像"迈向包容的事物"这样的概念，在当时还没有出现，其原因是"功能"的概念改变了。也就是说，我们从在机械化的功能背景下思考转变为在电子化的功能中寻求解决方案；或者说，在这个逐渐开放且不断向外扩散的连续而复杂的空间体系中，如何考虑新的功能概念问题。

第二项就是抽象概念的转变。这是跟从柯布西耶所提倡的最美的立方体、球体等纯粹几何学的世界到自我生成的，或是变形的非线性几何学的转变相关联的。

然后，第三项是生产概念的转变，也就是说建筑的生产

---

[1] "Blurring Architecture（透层化建筑）"1999 年 11 月 17 日～12 月 23 日，TN Probe 举办的展览会。由伊东丰雄主持设计的仙台媒体中心项目的概念图像是此次的展览核心。

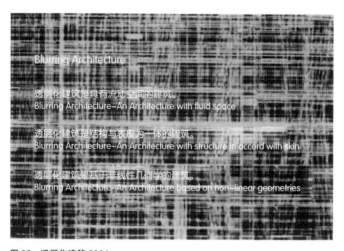

图 03 透层化建筑 2004

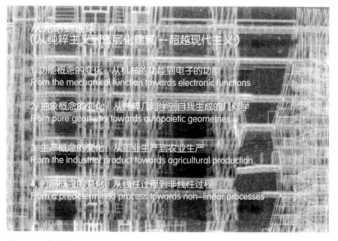

图 04 四个概念

并不应该像工厂生产产品那样，而是应该像生产农作物那样同场所契合，随着外部环境的转变而改变。意大利建筑家安德里亚·布兰兹（Andrea Branzi）[1]曾经提到过"作为农业的建筑"的论述。我对此深有同感。这就是说，无论收获了多少只苹果，其中没有一个形状是完全相同的。此外，如果离开了土地，建筑更是不能成立的。

另外，我还感觉到了时间概念的转变。这是制作过程的问题，这个问题是小野田先生的研究领域。这是从预设基调到非线性不可预知的过程，它创造出了未知事物的转变。

我先对以上的这四个概念的转变给大家作一个介绍（图04）。我没有用语言进行严密定义的能力，不过，在介绍项目之初，我觉得至少还是有必要进行一些字面上的整理，这样也会有助于更好的理解。

迄今为止，建筑组合的方式首先是以"功能"的概念将人的活动简化并进行抽象处理，并给予相对应的空间，也就是用体量给予标识，并进行求取最佳组合（图05）。无论外面的世界如何，从空间中抽离出的明快的最佳组合便成为方案。直至今日，像这样依靠功能主义的方法依旧

---

① 安德里亚·布兰兹（Andrea·Branzi）（1938～）意大利建筑家、设计师。米兰工业大学教授。作为意大利先锋建筑运动的中心人物，与阿基佐姆小组（Archizoom）、孟菲斯（Memphis）等团体有密切关系，现在仍活跃于建筑、家具、展览会等各领域。另外还是多莫斯设计学院（Domus Academy）的创始人之一。主要著作有《巨匠：埃托·索特萨斯（Ettore Sottsass）》（原书名：The Work of Ettore Sottsass and Associates，横山正译，鹿岛出版社，2000）等。

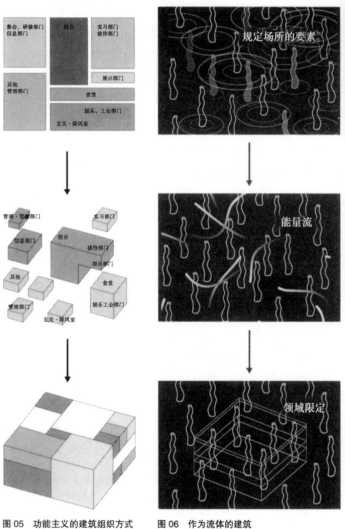

图 05 功能主义的建筑组织方式   图 06 作为流体的建筑

是普遍的。

与此相对，我现在所考虑的方法是这样的（图 06）。首先提供限定即便是人工场所的基本要素，在考虑与环境关系的同时，进行配置。由此，那里会出现各式各样的"场"的差异，伴随着人的活动开始形成各种流动。也就是说，像磁场一般从中心发散开来的波纹状的磁力流形成复杂的交线。而在我看来，建筑正是从那样拥有扩散性的"场所"之中，在一定领域内，通过抽象的切分而形成的结果。这里的"仅被限定的领域"同刚才说到的"完结的"概念是完全不同的。这是我的原则所在，也包含了我同现代主义对决的心境。

能的身体是力的流体

刚才小野田先生展示了勒·柯布西耶的理想人体图像。对此，我则是通过能剧舞者的身体与之对比。主持"桥之会"[①]的土屋惠一郎[②]在其著作中写道："能剧中的身体并不需要成为某种形式，而是以速度和力度来呈现，也就是说能剧绝不会是某种形式的表现"。从前方迎面而来的推力、拉力，在这些不同的力的相互作用中，能剧舞者保持着并不稳定的

① 桥之会将能乐作为现代艺术进行重新认识，成为与其他艺术、学艺交流的桥梁，以此为目的而举办的聚会。
② 土屋惠一郎（Tuchiya Keiichiro）（1946～ ）舞蹈评论家。明治大学教授。所从事的舞台艺术批评活动涉及从能剧到现代戏剧宽广的领域。

身体形态，并将这种身体完全融入这股力的流体之中，亦即"无形的身体"。将这种对身体的描述转换成对建筑的描述，正是我理想的建筑画像。

开始的时候，金田先生对于建筑固定化的提问其实也是建筑在建造过程中最为矛盾之处，而且是一个永远无法解决的问题。不过在这里值得我们深思的是：人类的身体虽然被赋予了对称的形态，却可能成为形式消解的力的流体。这与能剧非常类似，优秀的能剧舞者在好的舞台上能够演绎出绝伦的力的流动，而作为流体的建筑有什么不可能的呢？对此的期待也正是我建筑设计的动力源泉。

之前受"桥之会"的委托，我曾经为他们制作过160年前江户川边建造过的劝进能临时能剧舞台的复原模型。当时那些绘画资料真是非常有意思。其中绘有一早一边吃着团子一边排成长队等候的人群，而当橹太鼓敲响之后，街市中的人群、武士、表演艺人分别从各自专用的入口进入剧场。进入后，可以看到剧场看席分为普通席、专业席以及最靠近舞台被称作"桦席"三部分。一整天，吃着便当、喝着酒的人群在喧嚣的喝彩声中看着能剧直至夜归。这样的情景被完整地绘制在绘卷之中。其描述的是因人之存在，建筑最初开始得以成立的情景。也就是像能剧舞者的身体一样，建筑的过程或者说是序列被完美地表现出来。而与此相反的是，我们建筑师，却始终把建筑看做是物理上的构筑物而仅限于关注其形态表现。

序列制造建筑

"松本市民艺术馆"由能够上演歌剧、最多容纳1800席的大演剧厅和240席的小剧场为中心构成（图07）。在竞赛设计时，我们绘制了它的序列。观看演出，或者说观看歌剧，绝不仅仅是在演剧厅之中，而是包括从街道进入门厅，通过等候厅，最终来到演剧大厅，然后在演剧结束时再次回到街道，最后散去的这一系列的连续行为。其实，整个过程对观演行为具有重要的意义，我们将此作为方案提交。前来参观的建筑师藤森照信先生说："伊东的建筑变了很多啊"。我想，这恐怕是指表皮肌理吧。

入口门厅的里侧设有宽大的大楼梯，缓步而上，宽敞的等候大厅空间将会呈现在你面前。这里开发了两种材料：一种是开凿出玻璃小洞的 GRC 预制板[1]（图 08），在用玻璃纤维强化处理的水泥板面上通过手工开凿形成尺寸各异的玻璃小洞，并随即借形成的肌理将光线导入空间之中。通过使空间整体的光色产生渐变，从而让人意识到"作为流动体的空间"。

观众从等候厅绕过舞台后侧进入到观众席（图 09）。演剧大厅内部的特点是：随着观众从观众席后方进入后，会发现愈接近舞台，空间会显得愈昏暗。座椅的布料与周围墙面渐渐变深，这样就能使沿着舞台方向的注意力更加集中。相反，如果从舞台一侧看向观众席，就会发现颜色沿后上方呈现出从酒红色到粉红色的变化。此外，为了在空间中再造一个剧场，我们在从等候厅紧邻后台的一侧设置了 450 席的可折叠坐席。此处被称作是"实验剧场"。

因为由串田和美先生出任馆长，所以我们可以期待这里将会不断上演非常精彩的演出。

---

① GRC/Glass Fiber Reinforced Cement（玻璃纤维预应力混凝土）在水泥砂浆中加入耐碱的玻璃纤维后进行强化的玻璃纤维强化混凝土的简称。是一种以受拉能力较强的玻璃纤维补足受拉能力及韧性较差的无机物水泥的复合材料。强度约为普通混凝土的 5–10 倍。

图 07　松本市民艺术馆／2004　外观

图 08　松本市民艺术馆中随机嵌入玻璃的 GRC（玻璃纤维预应力混凝土）墙板

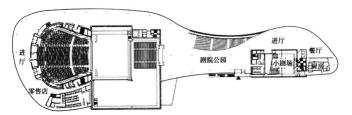

图 09　松本市民艺术馆的二层平面

现代主义的符咒

在这里我想举两个在 1990 年代接手的项目。一个是于 1992 年前后完成的"P 酒店（HOTEL P）"。这是一个位于北海道农田中的项目，可能是我完成的建筑中最具极少主义色彩的作品。在某种意义上，也可以说这是最具形式美的作品。我接受的是现代主义建筑的教育，并沿着现代主义的思考方式开始认知建筑。因此，我觉得自己只能在现代主义的延长线上来思考建筑。材料的选择、纯粹的几何学形态方法，可以说是我建筑的一个侧面的象征吧。

与此同时，我的另一个建筑也完成了。这就是"下诹访町立诹访湖博物馆·赤彦纪念馆"（图 10）。这座建筑通常被认为是一种分裂的形式，其实，我在这里使用了三曲面。与其说是想创造出那样的形态，还不如说是对现象的空间有所期待，或者说是这样的期待形成了那样的表象。流动体被冻结成"形态"。

在这两种空间之间，或者说是形态之间，是我正处于左右徘徊的状态。如果试图创造由几何学所形成的箱体般的形态的话，就有可能回避那些由形态操作引起的表现视觉化的

图 10 下诹访町立诹访湖博物馆·赤彦纪念馆／1993 外观

问题，同时流动体会消失。另一方面，如果试图要创造作为流动体的空间的话，就无法回避某种程度上形态表现的倾向。

诱发活动的空间

不过在"仙台媒体中心"项目设计的 5 年时间里，通过整个施工过程，我想我的想法发生了很大的转变（图 11）。

其一是动态，或者说是作为"诱发活动的形态"的管状空间。我当时在设计仙台媒体中心时，觉得要实现这样的"管子"是极其困难的。最终是通过与结构设计师佐佐木睦朗（Mutsuro SASAKI）[1]的合作完成的，整个过程比预期的顺利得多，这也使我产生了诸如"当代的施工技术已经是非常了得的"这样的自信。

从由管子形成的仿佛森林一般的，无论置身何处都能形成连续空间的最初构思开始，直到切取出某个剖面时，"仙台媒体中心"这座"建筑"才正式诞生。所以在这里也请各位这样来理解：无论是这个建筑的屋顶或是各个立面，其形

---

① 佐佐木睦朗（SASAKI Mutsuro）（1946～）结构家。法政大学教授。1980 年成立佐佐木睦朗结构计划研究所。主要作品有札幌穹顶体育场（与原广司合作，2001）、仙台媒体中心（与伊东丰雄合作，2001）、金泽 21 世纪美术馆（与妹岛和世＋西泽立卫合作，2004）等。

图 11　仙台媒体中心／2001 内部

成方式都仅仅是领域被限定之后切断出剖面，而绝不是那种由玻璃箱体所形成的封闭体系的产物。

"巴塞罗那商品展览会会场·Montjuic2"（图 12）项目，是"仙台媒体中心"中的管子现在继续发展的一个例子。

在巴塞罗那，高迪设计的米拉公寓对面的十字路口附近，我还在着手设计一个小宾馆项目（图 13）。这是一个通过旧建筑的立面改造，将其筹划为旅居型酒店的项目。我的想法是将其立面的铁板扭曲，并通过汽车光亮漆那样的材质，使它看上去更显轻盈。

同样，在西班牙的巴伦西亚州，在叫做托拉维亚的小街的湖边，我正在设计一个名为"托拉维亚休闲公园"的温泉设施（图 14）。基地临近地中海粉色盐水湖。在这里，我们构思了三个平放的"螺"，呈现出螺旋状建筑的基本构思。与我合作的结构设计师是池田昌弘（Masahiro IKEDA）[1]，现在第一期的项目施工正在进行。如果将刚才的"下诹访町立诹访湖博物馆"与此相比较的话，我们可以发现结构系统是如此的不同。另外，其内部空间同"下诹访町立诹访湖博

---

① 池田昌弘（IKEDA Masahiro）（1964～）结构家。曾在木村俊彦结构设计事务所、佐佐木睦朗结构计划研究所实习，于1994年自立事务所。现在是池田昌弘事务所主持。主要作品有 Natural Shelter（与远藤政树合作，2000）、屋顶之家（与手塚建筑研究所合作，2001）等。

**图 12 巴塞罗那商品展览会会场·
Montjuic 2 / 2003~**

图 13 巴塞罗那宾馆项目／2004- 立面构思

图 14　托拉维亚休闲公园（Relaxation park in Torrevieja）／2001 模型（上）、
　　　　研究模型（下）

图 15　福冈 Island City 中央
　　　　公园·中心设施／2002
　　　　室内透视

物馆"项目也是完全相异的,转变为诱发活动的空间。这个结构体由 5 根 6cm 的钢管编成螺旋形集束,再在钢管之间通过木材连接。我们在工厂内制作了试验模型,探讨了木材与钢材的连接处的细部之后开始现场的施工。

在福冈被称作为"岛中之城(Island City)"的填海人造岛项目中,我和结构设计师佐佐木睦朗一起设计了采用混凝土薄壳结构(Concrete Shell)的项目"福冈岛中之城中央公园·中核设施"(图 15,图 16)。作为长约 16km 公园的中心设施,这是一个将类似托拉维亚休闲公园卷叶状的螺旋空间扩大之后,采用更加开放的结构形式建造的项目。这里采用的结构是经过二次扭转自由曲面的薄壳结构,并且还在各曲面中设置了开孔。此项目所考虑的是:无论在建筑的外部还是内部,都通过有绿化覆盖的"温室",自然地形成建筑化空间。

设想漫步其中,会不知不觉来到室外或者屋面之上,我的意图是希望能够形成这种内外之间经常呈现出反转变化的空间形式。经过了数十次结构模拟实验,通过不断修正结构部件中弯矩较大的部分,并运用新的结构分析方法,

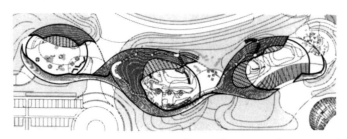

图 16 福冈 Island City 中央公园·中心设施平面图(GL-+11.7m)

达到了某种平衡状态，我们终于实现了这种复杂的曲面。2004 年 3 月，项目施工正式开始，预计在 2005 年 3 月竣工完成。

犹如植物的编制网

另外，我还想介绍一下另一个公园项目。在葡萄牙一个叫做科因布拉的小街，业主委托我设计一个改建项目："科因布拉圣克鲁兹公园"（Pavillion in *Torrevieja* Relaxation Park，Spain）。在 18 世纪，这里曾经是一个被僧房围绕的内庭园，这个漂亮的场所现在则显得十分荒芜无趣。因此，当地政府试图对它进行有效的改建。对于改建这里的设想，我们除了对公园整体进行整合之外，还将在中心部位设置一个小亭子。继伦敦蛇形艺廊之后，我们再次与结构工程师塞西尔·巴尔蒙德[1]合作。

从塞西尔所制作的 CG 中，我们可以明白这是一个类似三叶编织所形成的结构（图 17）。并藉此作为结构单元形成连续的结构形式。连续将会产生多重的螺旋。因此，这里的结构形式呈现出比先前托拉维亚休闲公园项目更加复杂的网

---

① 塞西尔·巴尔蒙德（Cecil Balmond）（1943~）结构师，Ove Arup & Partners 合伙人。与雷姆·库哈斯（Rem Koolhaas）、丹尼尔·里勃斯金（Daniel Libeskind）等许多国际著名建筑师合作。主要作品有伦敦蛇形艺廊（与伊东丰雄合作，2002）等。著作有《No.9》（高桥启译，飞鸟新社，1999）、《informal》（Prestel，2002）。

络状螺旋结构。曲线在这里以一种极其自由的形式相互组合。结构上的分析也许会成立，但是如何在结构面上设置开口部位，如何在其间架设楼板，以及将来如何施工等各种接下去必须解决的问题还非常之多。

分形结构的公园

　　六本木山（Roppongi Hills）的座凳"ripples"（图18）是以波纹为主题所制成的家具。波纹到处发生，并逐渐扩散。也就是像"仙台"的平面布置那样，因不同场所的相异性而成立的建筑概念模型，经过家具化，就成了这里的座凳。多层金属经过在真空状态下压制，切削加工形成座凳。在意大利，有采用相同的制作模式的木材质地的座凳。

　　此外我还在马德里设计了公园项目"马德里·拉加维亚公园（La Gavia Park, Madrid, Spain）"（图19）。基地位于马德里市东南部，虽然不至于说是沙漠，但至少也是植被罕见的荒芜之地。在东南部将要开发的新兴住宅区用地中，需要规划一处面积约为40公顷的公园。而其中极具深

图17　科因布拉圣克鲁兹
　　　公园／2003-CG

图18　街头家具装置（street furniture）
　　　"ripples"／2003

刻意义的是公园设计竞赛的重点是水体净化系统的设计。也就是说，每天都必须从水净化工厂向这片起伏的场地输送约 6500m³ 的水，并通过这些输送而来的水净化公园内部，灌溉园内的植被。我们提出的方案是在这里种植 10棵"水树"（water tree）[1]。通过置入这些模仿树木的平面和立面、具有分形（fractal）[2] 几何形态的"水树"，从而使基地内部呈现出多处裂纹状具有许多微妙变化的地形（图 20）。

　　在"仙台媒体中心"中 13 根筒柱的设置与此处的操作具有类似的意义。这并不是针对的建筑项目，而是通过几何学形态水路的设置来产生地形。10 株"水树"被分成 A、B两部分。首先将下游净水工厂的水通过水泵送至"水树"A处，再将经过一定程度净化的水由"水树"A 处送出，慢慢流向四周，并从水树的末端流入地下。在整个过程中，水流经受太阳光照的植物之间，从而通过砂砾和沙石的过滤作用得到自然净化。由于水流入地下，因而可以灌溉周边的植物，流入"水树"B 处后进行相同程序的自然净化。在"水树"B 处可以为儿童戏水提供经过净化的清洁水源。"水树"A

---

① 水树（water tree）以树为单元要素的水净化系统。伊东并非将树与植物一样"栽培"，而是要表现"栽种"。
② 分形（fractal）是具有部分和全体自我相似关系的图形。是自然界中可见的树木和云等复杂的形态表现概念的扩大。

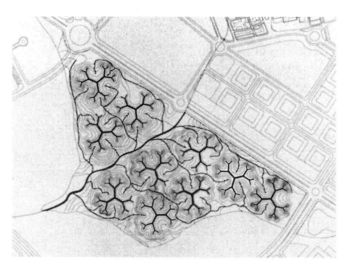

图 19 马德里·拉加维亚公园 /2003- 总平面图

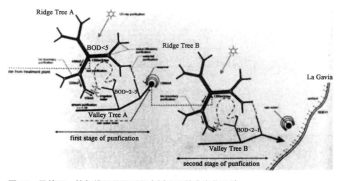

图 20 马德里·拉加维亚公园利用水树实现的水净化系统

的周围环绕着树林，而"水树"B则被草原、广场以及一些小建筑围绕。我们这个规划的目标就是试图通过这一系列的设计恢复原先曾经流经此处的加维亚河的水环境。

各处的"水树"分成设置在山脊处的、从顶视角度看到的树形剪影和设置在山谷处的、从侧视角度看到的树形剪影两种类型。换句话说，柯布西耶为了在巴黎实现绿化设计了十字形高层住宅，与他栽种这样的住宅之树相对应，我们的规划构思则是通过水的树型来形成周边绿化。从设计竞赛阶段开始，这个规划方案就是同景观规划师石川干子（ISHIKAWA Mikiko）[1]以及庆应大学的设计团队共同合作的。这是一个历时很长的公园规划方案。

新模度（module）的概念

仍旧是处在总体布置阶段目前正在设计中的位于格拉斯哥的"S百货店格拉斯哥店"（图21）。在这个项目中我们提出了新的设计构思。刚才提到过"从工业的建筑迈向农业的

---

① 石川干子（ISHIKAWA Mikiko）（1948～）庆应义塾大学教授，农学博士，技术士。专攻环境设计、都市环境计划，从事水和绿的循环利用的研究和设计。主要著作有《都市和绿地》（岩波书店，2001）等。

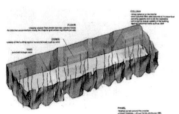

图21　S百货店格拉斯哥店 /
2003– 立面构思

建筑"的想法，在这个项目中或许就能感受得到。

　　由于在城市里，周围的小建筑物非常之多，业主要求摈弃过分强调水平线条的建筑外观。另一方面希望外观的设计能够满足内部空间约 10m 间距的柱网形式。对于这些要求，我们经过对设计主题的反复研讨，确定了将全部的柱子倾斜设置的设计构思。

　　整层楼面由 10m 柱网分割后，去除周边部分共有 14 根柱子。在各柱的中心设定 9 个小方格。然后我们通过设计演算法（algorithm）确定了柱子，以各自不同的倾角升至上一层的生成规则。这样，十多根柱子看上去就像在楼层中舞蹈一般。因为这栋建筑物是地面 4 层加上地下 2 层（商场只到地下 1 层为止），因此我们在各层采用了相同的手法进行设计上的操作。将最外层的柱列连续成面之后，就形成了一个扭曲的外观。外立面上为了将这些面形成平滑的连续表面，我们设想采用预应力混凝土（以下简称 PC）的三维曲面来进行拼接施工。也就是设定 6 个种类的曲面 PC 模块来进行反复的拼接，连成一体。有些模块可能还会出现上下颠倒的拼接方式，由此，我们可以得到一个无序的表面。

　　有关柱子的倾斜应该达到多少度为宜，以及多少度的倾角是极限等问题，我们也都进行了试验。进而，我们也还对PC模块色彩的变化、贴面砖通过钻设小孔形成新的纹样组合等关于外立面印象的变化等问题进行了探讨。

作为结构的表层、作为表层的结构

　　"作为结构的表层"，或者说"作为表层的结构"是在四五年前的"布鲁日展亭（Brugge Pavilion）"期间开始思考的（图22）。迄今为止，几乎所有的建筑都是通过不透明的部分支撑起来的，而透明部分则成为开口部分。可是在"布鲁日展亭"中，建筑物是由透明部分所支撑的，不透明部分（椭圆形铝板）则是支撑的补充强化部分。这是其最大的特点。

　　幕墙①是在20世纪流行起来的建筑构成形式，如果我们试图将其表层和结构一体化，则会导致其施工难度的急

---

① 幕墙（curtain wall）不是结构墙，只是具有分隔功能的墙。内外墙均可使用。对幕墙的运用使实现整面满布玻璃的建筑成为可能，现代建筑受到很大的影响。

图22　布鲁日展亭／2002　外观

剧增大。

伦敦的"蛇形艺廊"也是同样的构思方法，外形采用了纯粹的正方体（图23，图24）。平面为 18m 见方的正方形的立方体体量，将内接于其间的正方形通过回转形成的分割线作为结构的支撑线，最终呈现出与立方体的体量完全不同的空间感。特别是在其内部可以体验到不可思议的空间。并且，所谓柱、梁、门、窗等既有的建筑要素在这里被完全解体，人们终于可以在自由自在的活动中体验由愉快使用所带来的感动。

在与塞西尔联合参与的"奥斯陆·韦斯特巴奈"项目设计竞赛中，我们试图将"蛇形艺廊"的不定型系统进一步扩大到大规模的项目之中，遗憾的是这样的想法未能实现。在这里，我们构想了将筒状体（tube）与表面（surface）通过网格状结构进行编织的形式（图25）。在形成了如此复杂的网格化之后，最佳解变得无从获取了。对于合理性一词的定义，与 20 世纪的概念大相径庭。

在"TOD'S 表参道大楼"的项目中，我们终于有机会实现类似的网格化结构（图26）。现在在伸展至 3 层左右高

图 23　蛇形艺廊／2002　外观

图 24　蛇形艺廊 2002　内观

图 25　奥斯陆·韦斯特巴奈项目／2002
室内透视

图 26　TOD'S 表参道大楼／2004　夜景 CG

度的混凝土上，我们第一次将"树"这种非常容易分辨的母题组合成网格状结构（图27）。这是和结构工程师新谷真人一同合作完成的设计（2004年竣工）。

通过内部和外部各个方向上，片断化树木状图案的体验，我们能够在意识之上建立起对这个建筑物整体的印象。施工非常困难，特别是模板施工就好像是在制作家具一般。配筋工人们自己绘制了三维图像进行配筋施工，这些对于我们来说也是从来没有在施工现场见到过的。

恢复建筑的韵律（rhythm）感

虽然这个方案落选了，但是还是请大家看看我们在武藏境的公共设施设计竞赛当中提出的"武藏境新公共设施设计提案"。建筑的功能需求和"仙台媒体中心"是完全一致的。"TOD'S 表参道楼"的项目是一个规模非常小的建筑物，因此我们希望只将其周边的树木作为图案组合成结构形式。而在武藏境的项目中，由于结构的跨度较大，我们将处于钢构架中的用混凝土浇筑的十数株树阵列，并且树木在内部也交错形成两向的结构形式。我们的构思是想创造一种在树林丛

图27 TOD'S 表参道大楼
施工中内观

中步行的空间意境。

最后介绍的是在法国的亚眠（Amiens）进行的称作为"FRAC"的州立美术馆设计竞赛方案（图28）。我们的规划构思是希望在一个细长的美术馆立面上展开一系列树的图案。在武藏境未实现的想法在这里获得了实施的可能。

在设计"亚眠"的同时，令我想起了劳吉埃神父①所描绘过的，由树上之家所衍生出来的古典主义建筑的那幅非常著名的绘画。古典主义②建筑所具有的那种节奏感在现代主义建筑中曾经被彻底忘却的这个重要主题，在这里也许能够被再度关注。早期这也曾被柯布西耶引用过。在产生不定型的随机图案的同时，能不能获取空间中的这种节奏感呢？我在做这个设计项目的同时也在思考这个问题。

虽然我并不准备归纳今天的整个发言。但如果要对我自己现在所思考的建筑再次用语言来整理的话，我想可以参考以下三张图片（图29）。

---

① 马克·安东尼·劳吉埃（Marc-Antione Laugier）（1713~1769）主张建筑设计的起源在于树木的《建筑试论》（三宅理一译，中央公论社美术出版，1986）的作者。此书封面画有以树木枝杈作遮盖的原始小木屋。
② 古典主义（Classicism）18世纪至19世纪初以欧洲为中心流行的，以希腊、罗马古典艺术为发展模范的艺术倾向。

图28 亚眠FRAC 现代美术馆／2004- 模型

1. 建筑是非线性事件
Architecture is a non-linear construct

2. 建筑是一系列充满多样变化的场所的联动
Architecture is a series of locally changing variations

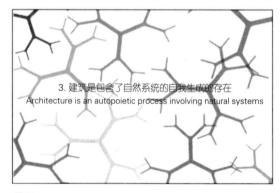

3. 建筑是包含了自然系统的自我生成的存在
Architecture is an autopoietic process involving natural systems

图 29

讨　论

伊东丰雄 + 小野田泰明 + 金田充弘

小野田　我的印象是得出了非常多样的形、各种各样的形，而又是不同系统的，相当复杂的形。关于伊东先生这次所提出的"形"的多样性，我想首先请金田先生发表一下意见。

金田　比起最终所形成的形的多样性，更令我印象深刻的是形生成方式的多样性。也由于合作伙伴不同的关系，以完全不同的手法一起创作出新的形。这种手法，也不是从外部围绕一个课题来作出形的解答，而是会有一种由局部规则反馈来决定形态的印象。例如与结构师佐佐木睦朗先生合作的福冈岛中之城公园，在这种情况下，起点在哪里呢？是用什么样的程序来决定最终的形呢？

伊东　由于福冈岛中之城是填海人造岛，所以是一个什么也没有的场所。周围完全没有任何参照物。因此我想首先在这个公园的正中央建立一个中心，于是规划了一个蓄存雨水的水池。然后向外侧垒起曲线平缓的土堆，又在土堆中挖出如火山口般的凹陷场所，通过这些地形操作，我希望能产生虽然是人工的却又与之迥异的场所性。然后从这个人工土堆出发，形成了连续起伏的建筑意象。也就是说，我希望创造出地形与建筑没有明显界线的场所。

我们会首先请佐佐木先生看这个想法的构思模型。最初会看到他"嗯，这种东西嘛……"的脸色，他一直这样念叨着，后来好像抓住了什么，突然变得通红，似乎在说"如果这样也许能行"（笑）。就这样为我们构思的实现找到了突破口。以这次讨论为基础，我们重新做模型并绘制图纸，请佐佐木先生对此进行模拟实验（simulation）。这个阶段没有结构的部分还有很多，一边与佐佐木先生沟通，一边一点点地不断进行修正，反复进行模拟实验。

于是，相当直觉的部分与计算机模拟实验结合起来，生成了可以真正实施的形态。佐佐木先生也来到了现场，让我们来听听他本人的介绍吧（笑）!

佐佐木 在不断演化的过程中，形态渐渐发生了改变。最初的形是从伊东先生"这样的意象"开始的，此后形态不断变化。并非产生歪曲篡改的变形，而是获得更加自然的形态。但由于过于极端的变形与初期的构思意象相比发生了较大改变，会做出"呀，到了这种地步，这样也不错嘛"的形态解析。因此与通常的结构分析过程相反，也就是金田先生刚刚所说的从局部出发，从而发现整体的工作方法。

所谓设计，本来就是这样的吧。至今为止的结构都只处于决定形态的前期阶段。对于是否确定结构，我并不拼命计算，反而首先探寻这个形在力学上具有怎样的根据。这样先决定形态，之后就自然而然能弄清楚具体的荷载条件了。大概就是这样一项工作。我想，塞西尔创造出有别于力学意义的数学形态，而我的立场则是以物理为基础，从而生成形态。因此可以说这是不能用数学公式来定义的。因此理所当然地形成了自由曲面。这可以理解为由物理学进行的全面控制。

伊东　总觉得佐佐木先生对结构的思考方式自数年前开始也发生了巨大变化的，这是为什么呢（笑）？

佐佐木　去年与你一起在冲绳做演讲时，听到各种讨论后才得知，我的目标是某种线性的思考方式，而伊东先生虽然在形式、态度上有所不同，却有着与我相同的目标。这是比我更数学、更力学的目标。总之就是希望以某种合适的行为根据。伊东先生也说过，现在应该已经不是操作形的时代了。这方面的意义变化非常大。

小野田　我想鼓起勇气问一个不太好意思问的问题：在幻灯片上看到的是非常自由的形，但从某种意义上来说，我想会让人有这样的疑问，这难道不是专家在玩"形的游戏"吗？

佐佐木　如果说这是"形的游戏"，就不是我的责任了（笑）。我是负责做出力学上最合理的形，不会使用多余的材料。在"福冈海岛城市"中，由于全长约150m，所以一跨约有60m。全世界应该还没做出过那样的形态。这是用最少的材料做出最大的效果。估计我在这方面是基本不变的。因此对于我来说，这应该不是游戏。

金田 我想请教一下伊东先生。海岛城市在最优化手法方面，采用了对某条件进行形态最优化（Form Optimization）的手法。但实际情况是伊东先生给予的"直觉的输入"和佐佐木先生的"形的解析"形成了一个循环，这样未必能最终收束到一个方向上。与塞西尔的合作也是这样，在数论的规则下生成形态，在这种情况下，规则本身也会进化。所以从伊东先生凭直觉画出的图像展开的话，除了由此带来好的意义，也有可能得出事与愿违的解吧。在某种意义上，也许是在期待着形态，但又不是由形态解析、演算驱动、按下开关就能得出解答的。由人进行取舍选择的过程是必要的，特别是在决定建筑形态这最后一步的阶段，也许伊东先生与合作者之间会出现分歧吧。也许在力学或数论层面上是正确的，但对设计来说"这里希望能再这样一点"之类的。

伊东 不会出现"非这样不可"的情况。

今天已经说明了复杂的建筑形态的形成，但形态形成后也有可能出现人不能进入某个空间、无法设置卫生间之类的局部问题。在这些情况下，虽然会做出"将这里稍微拓宽一点"的修正，但除此之外在所谓"出于美学要求的形的美感，这样比较好"这方面，几乎不作修改。比例等等所谓的美学已不再成为问题了，这点真是非常令人兴奋！

金田 就像佐佐木先生所说的，不是"为形而形"的时代。

伊东 对于小野田先生刚刚提出是否"形的游戏"的问题，佐佐木先生对我说"那是你的问题了"（笑）。总之，正因如此而要探寻复杂性。我在想，对于复杂化，要采用怎样的表现形式，是否能达到近似于超越表现的境界。例如看到榉树时，谁也不会问哪一棵树是美的吧。

小野田 原来在去除了恣意性之后，反而形成了充满恣意的东西。即使不是这样的复杂化的方向性，但只要超越某个阈值，形就不是问题了吗？

伊东 这次系列演讲的主题以"释放建筑自由的方法"为副标题。虽然对于我个人而言有点不自量力，但我现在觉得建筑非常自由。

　　这是怎么回事呢？以前在考虑一栋建筑的时候，面对"这个非这样不可"的问题总是十分神经紧张。而现在，一个设计又会产生另一个设计，相互缠绕后又再次产生新的设计。到底孰优孰劣，随着时代的不同当然会有所不同，虽然根据社会条件得出的结果有好有坏，但现在，在我的思考过程中，建筑三天就完成了（笑）。虽然这样说也许会让我的员工抓狂。这也许不同于穷追到底、反复考虑的思考状态。当然，员工们的努力也功不可没，同时也感到与佐佐木先生、塞西尔、施工人员、还有与其他许多人的沟通在不断展开。

小野田　恐怕要能形成自由的空间、自由的形，就要确信在这里生活的人们是快乐的。但关于居住者、使用者方面，还有一个文化认知的问题。虽然伊东先生是如此设想的，但未必能产生预期的效应。由于不相匹配，像勒·柯布西耶这样的建筑师在自己的钱包里画了理想的身体，理所当然的，这是一种主张。刚刚针对理想身体，你提出了能的身体与之相对峙，但要成为能一样的身体要经过大量训练才行吧。

伊东 建筑师变得自由了，这在使用者身上能反映出来吗？我关注的另一个说法叫做"包容性（inclusive）"。直截了当地说，建筑在没有人的时候是最漂亮的，而与之相反的建筑规则是"建筑在有人的时候才是漂亮的、快乐的"，我想这不就是现代建筑师所缺失的建筑观吗？为此要怎么做才好呢？举例来说，参照现代问题，有必要再一次思考所谓"装饰"应有的状态。关于这点，并不是要讨论是否方便使用，而应该是"因为快乐所以好用"。

现代的身体感觉已与10年前、20年前大相径庭了。对于能够灵活接受的人来说，他们可以有意识地将灵活性（flexibility）任意发展，我想现在就是这样一个时代。

小野田 我还留意到一点，在伊东先生所设计的项目中有许多是公园。我想，公园又再次多起来或许与"快乐"这个关键词有一定关系。这其中有何含义呢？

不论是19世纪还是20世纪，都以像美术馆、图书馆、剧场这些建筑类型为主导，公园则处于次要的位置。我个人希望，在设计图书馆等主要的建筑类型时，在使都市空间变得更有活力的方向上，能看到伊东先生更多样的成果。

伊东　虽然都是公园，例如像"福冈"和"科因布拉"这样的场合中，其构成要素却非常的建筑化。而马德里的公园……像这样就很不错了嘛（笑）！即使不做建筑也可以的状态其实是最开心的。

　　我在创作建筑时，脑海中会出现像在日本庭园散步时连续不断的图像。如果仅仅如此，我自己还是不能满足。我的兴趣在于要使用怎样的结构体系才能组织起整体。但在将构思的意象建筑化时还是会被限制在现代的框架之中。也就是说，建筑不得不修筑在内 / 外的边界上。这确实很严峻，会演变成"到最后建筑终于勉强完成了"。马德里的项目在经过 10年、20 年后，树木渐渐茂盛起来的话会变得非常棒。

金田　这可以说是从"工业化"向"农业化"转变的生产观念吗？

伊东　是的。正如金田先生所说，建筑存在一次固定成形后不能变动的问题。这个问题在这次系列演讲中设定为建构（tectonic）问题和行为（activity）问题，我想这是如何让包含这两方面的建筑实现灵活可变的问题。因此 1990 年代的我是在"P 酒店"与"下诹访町立诹访湖博物馆"之间左右摇摆的，在"仙台媒体中心"以后，现在也只是稍微清晰一点地加入结构，但我始终有信心：灵活可变的建筑是有可能实现的。

金田 这意味着所谓的竣工时间并不代表完结，而会在时间轴上一直延续下去。

在今天一开始，您说"对完成一个个单体建筑已经渐渐失去了兴趣"，是因为感到了建筑存在某种固定不变的东西所带来的限制吗？

伊东 不是，我觉得这是类似思维方式的问题。面对一件作品时，我对它完成后的样子完全没有兴趣。大概可以说"是否已经完成都已经无所谓"。完成了当然也是可以的，在竞赛中落选当然也会感到遗憾。虽说武藏境的竞赛是将在

TOD'S 所做的事重复了一遍。这不是换汤不换药吗？但我认为这绝对是不一样的。要是那样的话，现代建筑中还有不是换汤不换药的东西吗？我想说 20 世纪除了柯布西耶和密斯①，还有不是他们那样的建筑吗（笑）？总之如果除去要素，就不能说谁在反复做相同的事了。我觉得这就是现代建筑所陷入的困境，也是不断重复着不快乐、简单无趣的建筑的最主要原因。虽然以树作为具体的主题是重复过无数遍的题材，但对于画家或艺术家来说，仍是当下的讨论话题，我在竞赛时曾想对这个问题作进一步辩论。

小野田 我正想问，这是原创作品才具有的气质吗？我可以认为这是对于为作家所期待的"一次性"问题所作出的信仰挑战吗？

伊东 是的。不是想要使用相同主题的问题，而是实现过程的问题。因此就像刚刚所说的，对形态不感兴趣。

小野田 我想接下来要接受现场听众的提问。

---

① 密斯·凡·德·罗（Mies van der Rohe）（1886~1969）建筑师，1938 年逃亡到美国。提倡通用空间（universal space），运用钢和玻璃构成空间。代表作有巴塞罗那德国馆（1929）、范斯沃斯住宅（1951）、西格拉姆大楼（1958）等。

听众 A 伊东先生不仅在日本，而且还在欧洲的西班牙、葡萄牙的周边地区建了许多建筑。当时为了使这些地方城市、周边地区的身份特征得以复苏，您是如何发挥建筑的文化力量的呢？我想请教一下，关于建筑的象征性，是通过什么方式与今天的演讲内容发生关联的？

伊东 不论是要去科因布拉还是巴黎，我的基本应对方法都不会改变。另外，我自身的能力也不会改变，因此只能是我自身力所能及的事情。去到那里，与那里的土地和人发生关系，在那里发生各种事件，然后建筑被建起来……就像这样，"形"并不是结果。对我来说，在那里发生了什么事，此后我自己提出了什么方案，朝向怎样的过程，才是问题所在。

小野田 这个问题的意图是认为应该要提出稍微地域性一点的内容吗？

听众 A 不是，我不认为是"应该"。我是希望您能对刚刚提到的"希望设计 10 个以树为主题的建筑"做一下总结。

伊东　树也好，管子也罢，我可能会在葡萄牙用，也可能会在巴黎用。我想说问题在于生长出一棵怎样的树。

即使是用相同品种的葡萄来酿酒，由于土质、栽培方式、气候等因素，一百种土地能酿出一百种不同的葡萄酒。设计与这个原理是相同的。

小野田　原来如此。这个概念的关键也是在于农业呀。还有其他需要提问的吗？

听众 B　今天听伊东先生的演讲时，感觉似乎在说"忘掉形吧"，是这样吗？

伊东　想忘掉却忘不了呀（笑）。这是一个问题。

例如在与塞西尔合作时，曾对"为什么要由演算获得答案"进行过讨论。他会根据规则所派生出来的系统和形来获得答案。而我想通过的规则是在西方合理主义原有制度下的求解方式。我从一开始也认为要更加随机才行。而塞西尔则回答说"虽说是随机，但从最初想要描绘随机性开始，我们就会不可抑制地陷入旧习中。通过某种演算而生成的东西，才会产生遥远的新鲜感。"我听了之后想"原来如此，也许这样也是可行的"。

在思考形的时候，如果在只有自己一个人的世界里思考则无法自拔。但与佐佐木先生他们合作、与当地人面对面交谈时反而能把自己打开，达到不可预计的结果，这才是自由。如果用这样的方法设计建筑，就会开启自己领域以外的表现。我非常期待发生这样的事情。

金田 规则并非以束缚为目的，而是为了揭示更多的可能性。

伊东 希望能这样。还有很多需要学习呢。虽然嘴上说起来是挺光鲜的事情，但事实上并非如此简单顺利（笑）。

金田 就像即使在劳伦斯·哈普林（Lawrence Halprin）[1]的

---

[1] 劳伦斯·哈普林（Lawrence Halprin）（1916~）造园家、环境设计师。工作室的参加者主要以参加设计为目的，将"Open Score"（开放式作业流程）导入环境设计。主要作品有西雅图高速公路公园（Seattle Freeway Park）（1976）等。主要著作有《通过集团的创造性开发》（杉尾申太郎＋杉尾邦江译，牧野出版）等。

工作室也必须谈到业绩。就是在集合多样的个性、发挥创造性的同时，真正的随机性也要符合政治背景，将业绩考虑其中。

伊东 是的。当时保罗·克利（Paul Klee）①的研究者过来，看到"S百货店"的演算后说，这是在做与克利相同的事情。说是用相同的方法来创作样式（pattern）。

小野田 网络记者胜矢武之先生对这次的演讲有什么需要提问的吗？

胜矢 也许有点受到刚刚提问的影响，在脱离现代主义，追求自由时，用演算得出的形派生出一个规则。我想这样的结果是把建筑作为一出戏来创作。现在这里由符号来承载。我想，所谓符号是极容易被理解为流行的一种表现。另一方面，"树"就是建筑在自然中的投影，似乎建筑完成了就会获得复杂性，我感到建筑有被这种观念宠坏的危险，经常能看到符号特征强烈的建筑。伊东先生本人对建筑所具有

---

① 保罗·克利（Paul Klee）（1879~1940）瑞士画家。此后成为20世纪前半叶德国绘画组织"青骑士"成员，担任包豪斯教授，代表新绘画运动其中一翼。

的这种复杂性是怎样考虑的呢？不好意思，这个问题可能有点抽象。

伊东　如果只有一棵树，的确很有象征性。但将树的样式交叠后，我想就产生了复杂的网络系统。也许这就是树与森林的不同之处。

现代建筑美学彻底否定符号，不断追求极简空间。虽然建筑师沉浸其中，但我觉得这正是与一般市民的当代建筑相脱离的最主要原因。因此我不走极简路线，必须产生"新的抽象"。为此，我认为必须再次思考符号问题。

胜矢　能再请教一个问题吗？一方面，被统领的整体由较强的特定规则派生出来，通过形式等来组织，而另一方面，仙台媒体中心的设计让我有极其真实的感觉。这里所说的真实并非极简主义式地为了表现钢的强度而除掉细节的那种感觉，而是真正形成了将各种事物积聚起来的真实感觉，这是我的个人想法。通过组合现实之"物"来设计建筑，以及用相当抽象的演算来创作抽象的形。您如何使这两者取得平衡呢？简单地说，也许就是如何选择材料？

伊东 这是一个很有趣的问题。我想关于材料的思考方式，也是可以基于现场状况来决定的。

最初想要在仙台媒体中心创造出光纤，努力探索如何使材料感消失，但在设计过程中又开始觉得让物质呈现也不要紧，家具也是由不同的人来设计，表现出各种各样的肌理，这样很有意思。仙台媒体中心建成开放后，看到能让使用者快乐，感到自己所坚持的"只想使用铝"、"想只用能表现肌理的极薄厚度"的想法与这个状态相当融合。当然也有不满意的地方，但"总体来说首先还是满意的"……（笑）

看着从以前到现在设计的建筑，也许有人会觉得"这家伙的建筑堕落了"。但我认为，在某种意义上，"恰到好处"对于现在的建筑师来说是重要的。要探求 20 世纪的美，只要减少材料的种类、去掉细部，就能变得非常美了。但这样做的意义是什么呢？我希望通过这次系列演讲作再一次思考。

小野田 最后有请亲自为这次演讲命名为"蜕变的现代主

义"的五十岚太郎先生作总结发言。

五十岚 听了今天的演讲，我深深感到伊东先生已经真正解放了（笑）。

我之前曾经就仙台媒体中心写过一篇长文，追溯到恰好是 100 年前新艺术运动（Art Nouveau）① 诞生的年代，将两者进行了一番比较。这样做是有些用意的。新艺术运动提出了新的可能性，但中途又停止了，在历史上对现代主义稍有推动作用。本杰明② 把新艺术运动置于有趣的位置：随着工业化发展，建筑师渐渐失去历史地位而沦为技术者，这时出现的新艺术运动可以说是为建筑必须有艺术的一面作出最后的反击。实际上，新艺术运动将铸铁作为新材料，利用其可能性，尝试艺术的表现。与此相平行，可以看到在 20 世纪末电子媒体技术非常发达的时代，甚至出现了"建筑师无需论"，现在不正是以一种与此相对抗的姿态，展开对揭示新建筑可能性的研究吗？这就是新艺术运动与仙台媒体中心的关联所在。

今天谈到了身体的话题。我想，现代建筑是非常男性化

---

① 新艺术运动（Art Nouveau）19 世纪到 20 世纪初在欧洲兴起的新兴艺术样式。通过使用钢铁与玻璃等材料，组成自由曲线的有机形式。
② 沃尔特·本杰明（Walter Benjamin）（1892～1940）德国思想家，文艺评论家。他的思想对此后的艺术论有很大影响。主要著作有《瓦尔特·本雅明著作集》（晶文社）、《拱廊街计划》，原书名：*Das Passagen-Werke*（今村仁司译，岩波现代文库，2003）等。

的，相对于男性的健康的身体，新艺术运动则是与之不同的较为柔软的身体。虽然新艺术运动出现后又马上消失了，但在某种意义上，如果稍微再有一点可能性的话，也许会在关键词"蜕变的现代主义"中苏醒并重新开始。这是我今天听完演讲后的感想。

前略，伊东丰雄先生

三浦丈典

今天辛苦了。老实说，我本来对这类建筑师演讲不大感兴趣。不能说不好，但这样排山倒海的内容，勉强地与这庞然大物正面交锋，实在会令我疲惫不堪。更何况在今天有如酒店般闪闪发光的大厅里，听众超级爆满的情形下，我想只是这股热情就能让人眩晕。然而，惊人的是，忍耐力极差的我在今晚的演讲中完全抛弃了之前不合理的成见。呵呵！

与普通的演讲会不同，今晚在进入正题之前先由两位主持进行了简单说明。就像在理发店时先听到哗哗的水声，然后被问"水温合适吗"，这种做好准备的心情让我很愉悦。然后终于进入正题了，最新的作品蜂拥而至，有许多的完成度甚至超过 CG 动画。尽是以前从未见过的东西。但让我入迷的第一理由是伊东先生本身的温度是绝妙无比的"适度体温"。

设计者是一种被迫天天都要作出决断的职业。又是道歉又是犹豫不决，就其立场而言，其实是为大忌。但伊东先生就像是一只春日里的流浪猫，悠闲自在地说"现在还不清楚"、"当时失败的是……"、"情形稍微有点变化不会有什么大问题"、"对一栋栋孤立建筑的意义没什么兴趣"云云。一位大叔毫不含糊地在对问题敷衍其词！也许这是面对微妙场面的技巧吧，在文章中很难表达，而我则从小就被要求"快点把讨厌的事情做完"、"想想明白再做啊"，大人还总是为此对我发脾气，我觉得这是一种愚蠢的果决态度。说实话，能来听这次演讲实在太好了。对于现代主义禁锢其中的"功能与空间一体化"这个较难的问题，伊东先生有勇气明确地说这个问题没法解答。大家都隐约察觉到了这一点。

　　国王的耳朵是驴的耳朵！（出自《伊索寓言》）

　　今天的主题是建构，"形"与行为的"动"，但伊东先生似乎悄悄扔掉了这个主题。不是要创造预测行动或事件的场所，而是要创造出许多甚至无数的选项，然后听任使用者的心情来选择。我家是做小笼荞麦面生意的，相对于我的顽固父亲那种现代主义的方式，伊东大厨的态度则是事先准备几种不同的配菜和调味料，让大家根据自己的喜好来组合配搭。这到底会变成什么样呢？说实话，我对结果会呈现出什么状态不感兴趣，大概主厨本身也同样。像悬铃木、螺号还是三叶草，甚至像妖艳的短裤长筒袜，我觉得都无所谓。世上的力学、数学、解析学中，难解的问题有许多，让我们乘着"发展演变"的巨大机器前进，在任何细微之处，都诚实谦虚地遵循。重要的一点是，在此之后懂得变通，对受力状态分段分解，形成一个个小的受力单位。

但在分解后，网状支撑和蜿蜒扭曲的柱子——像由小结构体组成的人群——大多会拥挤在一起，而且他们并不是秩序良好地整齐排列，而是弯着本来有点匀质重复的身躯，错开肩膀的位置开始与旁边的人窃窃私语。结果，同样的场所形成了具有无序层次变化的空间。终于第一次让"形"与"动"相互交融。看完这些作品后我也明白了。

伊东先生所追求的建筑的轻，不是重量或材料，更不是表现的轻，拍着肩膀说"今天先暂且说说看，之后就靠大家了，说就要说个痛快！"这是将自己的责任和立场渐渐分散冲淡后获得的轻。听了今天的演讲，我感到伊东先生开始渐渐变得轻飘飘的，仿佛一位氢气球叔叔将要越飞越远，让人有点不安起来。

建筑与自由

胜矢武之

　　这次的演讲不仅限于近作的介绍，一心想要不断成长的伊东丰雄传达出他对"当下"的理解，可以说是一场非常出色的演讲会。演讲中的伊东，甚至让人觉得似乎抛开了些什么，讲述着自己一直不断追求的建筑所具有的本质矛盾。

　　他所寻求的是建筑所具有的本质矛盾。所谓建筑，无非是赋予世界以形，而设计建造建筑又同时受到世界某种形的限定。总之，建筑师为了实现自由，处于设计不能限定世界的矛盾中。伊东长期与这样的建筑宿命战斗，而现在得出了自己的答案。在此，我尝试通过追寻伊东在演讲中提出的概念，呈现出这样一个如今的伊东。

"能"与"场"

　　现在，以计划学的名义，对人类各种行为进行细分并给予明晰的定义。然而，伊东对这种易于充分理解的现代的身体物像提出质疑。于是他提出了"能"来替代这种身体的概念。芭蕾等西洋舞蹈由基本运动单位的线性重叠机械地构成，与之相对，"能"可以说是由不可分割的"流动"构成的。像这种流体般的身体感觉在近 10～20 年有所扩展，但在空间方面仍未能对应，伊东认为，这就限定了身体自由的可能性。

如果把身体理解为流体，建筑就不再是具有固定机能的空间形式，而是作为容纳流体的场，总之就是把建筑设想为一个过程。伊东又对这种流动的场举了"森林"的例子。不是广场而是森林，这意味着彼此共有的场的运动并不朝向相同方向，而是离散的，这指出了电子时代中我们身体的存在方式。另外，拒绝现代计划学的空间划分，把建筑理解为活动与场所的连锁，伊东以此来对"建筑限定世界"的问题作出了回答。

自我生成

与奥雅纳（Arup）的塞西尔·巴尔蒙德共同合作的自我生成的形态，无疑是伊东近年的特征之一。在演讲中，他也介绍了作为成长关键点的科因布拉馆，通过演算决定柱子倾斜度的格拉斯哥百货店，还有受塞西尔刺激的最新方案。

　　然而，伊东对通过演算等自我生成的形态的采用，恐怕还有除了单纯的形态新奇性之外的理由。在认为"建筑是非线性事件"的伊东看来，建筑的生成方式必然也存在另一个过程。另外，热衷于纯粹的几何抽象性的现代建筑，封闭在建筑师自我意识的圣域中闭门不出，陷于可预测可操作的形态而不能自拔，与此相对，由简单的规则超速传动而产生自己无法设想的复杂形态，这种自我生成的原动力轻而易举地从习惯制约和自我境界中逃离出来。总之，自我生成是打开"建筑造型"的手段之一。

暧昧的复杂性

　　伊东认为现代主义由于追求纯粹的明快而陷于排他的闭塞之中，他倾向于现代主义所忌讳的暧昧性、复杂性、包容性。总之不是表现出机械般具有明确区分的现代建筑，而是着眼于有点暧昧，复杂的包含有一切的当代建筑。这种复杂性是作为结果的复杂性而存在的，决非为了呈现复杂性而表现。伊东认为这种复杂性在某点上有所超越，已经把建筑带入了他所希望表现的境地。

伊东的发言又让我想起了一个无视现代的建筑师的名字：安东尼奥·高迪（Antonio Gaudí）。高迪在没有计算机的时代，展开对结构的合理性、几何学的整合性以及施工性的考虑，形成有机的形态，这些在现代都广为人知。然而，追求纯粹而明快的现代几乎无法对这种暧昧的融合、复杂展开的追求予以评价。伊东的思考不就是越过现代与前现代时期高迪的思考联系起来了吗？

素材

伊东丰雄说："减少细节必定是美的。"另一方面，他又一直坚决拒绝极少主义在当代这种横行无忌的方式。但是，伊东并非只论及希望得以解决的问题，而是要讨论关于概念模型与真实的关系。

现代主义建筑的建造是预想模型的纯化再现，着眼于排除暧昧的部分，形成明快的构成。可以说现代主义就是无视世界的复杂性而排他的自律，由此提高建筑的自完性。但是，伊东则容许存在现实的多样性，选择在现实的世界中将概念作为戏剧来展开。演讲结束时，伊东提出了一个问题："希望思考是实现美的意义所在。"这个问题对于生存在这个多样又复杂、无法预想的世界上的我们来说，已无法再逃避了吧。

（由 TN Probe 主页转载）

演讲者

伊东丰雄（Toyo ITO）

建筑师，1941年生，1965年东京大学工学部建筑学科毕业。曾于菊竹清训建筑设计事务所实习，于1971年自立事务所。现在是伊东丰雄建筑设计事务所主持设计师。2000年以来的代表作有仙台媒体中心（2001）、布鲁日展亭（Brugge Pavilion，2002）、蛇形艺廊2002（Serpentine Gallery Pavilion 2002，2002）、（东京）港区未来线线元町·中华街站（2004）、松本市民艺术馆（2004）、TOD'S表参道大楼（2004）等。2000年以来所获奖有：国际建筑学会（IAA）会员奖（2000）、美国艺术文化协会阿诺·布鲁纳奖（Arnold W. Brunner）奖（2000）、2001年度优秀设计（Good Design）大奖（仙台媒体中心；以下简称为SMT）、World Architecture Awards 2002 Best Building in East Asia（SMT）、2002年度建筑业协会奖（BCS奖）（SMT）、威尼斯双年展"金狮奖"（2002）。

（主持人、企划合作者、报告人的简历请参考第0卷）

【照片·插图】
伊东丰雄建筑设计事务所

蜕变的现代主义 **2**

青木淳

原本即是多样的，原本即是装饰

2004 年 3 月 23 日

TN Probe 系列讲座《释放建筑自由的方法——从现代主义到当代主义》

第二回　青木淳《原本即是多样的，原本即是装饰》

主持人　小野田泰明　金田充弘

翻　译　薛　君

对我来说，由于某种原因，以前一直坚持"动线体"的说法，这不仅指像走廊一样细长的、不被划分的、一体的空间形态，它还指向一种更为模糊的东西。说起来有点惭愧，我产生了"对人来说，自由的空间是怎样的呢？"这样的疑问。不过我想，这还是可以作为简单的空间比喻来被理解。所以，虽然最初的意识本身没有改变，但是从某个时候开始，意识上就不再想使用"动线体"这样的语言了。但是就在这之后，通过路易·威登的一系列专卖店设计项目后，在我潜意识中相信的建筑的存在方式中的几点被迫发生了改变。所以在此，我想对"从路易·威登中学到的东西"做一下总结。

——青木淳

目 录

左页，BF Building 立面图

介 绍

小野田泰明 + 金田充弘

小野田 说到如何把握"蜕变的现代主义",我想,建筑的功能是一个大问题。功能从来就被认为是可被预测而被固定住的,但是现在这一观点却被大大动摇了。青木自己是如何处理这个问题的呢,我希望在今天这个讲座中,能够从这个方面开始给予明确的说明。

青木以前在矶崎新工作室工作过,在那里最后参与的项目是"水户艺术馆"(1990)。当时,矶崎新(Arata Isozaki)[①]说"所谓的塔是没有功能的。因为没有功能,所以是后现代的绝好主题。"从那之后,独立出来的青木就开始自己设计塔状的建筑。"潟博物馆"虽然不能说是"弑亲",但这次,却反其道而行之地将功能塞进去,将功能本身作为塔的表达主体。

前几天,我们去了青木事务所,看了青木做的第三座塔。我想青木今天会介绍这个项目,他在这里塞进了无法被称为"功能"的不可思议的东西。在那里,功能的意义本身

---

① 矶崎新(1931~)建筑师。1963 年成立了矶崎新工作室。担任国内外客座教授,还有国际竞赛的评委。主要著作是《建筑的解体》(鹿岛出版会,1997),《手法》(鹿岛出版会,1997),其他多数是作品,如"筑波中心大楼"(1983),"奈良 100 年会馆"(1998)等。

被改变了。我感觉,这样一种变化,是以"围绕功能的旅行"或者是"如何把握所谓的功能"这样的姿态的改变显示出来的。今天,希望可以就这个问题进行深入剖析。

接下来是关于所谓设计的关键概念。在《建筑文化》出版的青木淳特集(1999 年 11 月号)中,作为推进自身设计的概念,使用了所谓"动线体"的说法,但是最近,似乎变成了"装饰"的说法。我也想问一下,现阶段,设计建筑的时候使用的是什么样的概念?

金田 虽然有了所谓"装饰"的说法,但特别是在时装建筑(fashion building)的场合,很多时候,建筑师不能碰室内。因为室内是由品牌指定的室内设计师来设计的。这样一来,建筑师可以操作的就只剩下表皮的设计了。在这么一个情况下,最近,出现了很多立面和结构合为一体的新项目,但是我想问一问,这些实际上如何呢?

可以说,装饰也好,结构也好,都是有关尺度的问题。小小的狗窝、十层的大楼或是超高层中,结构和装饰以及他们之间的关系的考虑方法都是有很大的区别的。我非常想听听青木对此是怎么考虑的。

小野田 因为工作的关系去了很多不同的事务所，但上次去青木事务所访问时，给我的印象是在那里流动的空气和别的事务所非常不同。现代的事务所通常将其所在场所作为隐喻，这就是所谓的通用空间（universal space）①，但是青木的事务所不是这样的。像是在《蔷薇的名字》②中出现的修道院。因为我感觉到那里流动着的是那样一种空气。

那么今天，我想听一听青木自身对于建筑设计的现场是怎么来考虑的，以及与其相关的一些问题。

---

① 通用空间是密斯·凡·德·罗提倡的空间存在的方式。目标是为多目的使用而创造的无性格空间，也是在必要时通过变化隔断和家具的位置，通过自由的可变的利用，成为可能的空间。也可以被称为无限定的空间、均质空间等。

② 《蔷薇的名字》/Nome della Rosa：Umberto Eco 著，河岛英昭译，东京创元社，1980。根据符号学家 Eco，以中世纪修道院为舞台的长篇历史推理小说。1986 年，由 Jean-Jacques Annaud 导演拍成了名为"The Name of the Rose"的电影。

演 讲

青木淳

　　今天的题目是"原本即是多样的，原本即是装饰"。我想，所谓的"多样性"是非常有趣的东西。比如说，蛋白质的立体结构的研究盛行后，发现这种结构是非常多样的。各种各样的分子结合起来，成为不同大小的蛋白质分子。我们所说的蛋白质的多样性，似乎是没法用简单的"有变化"来形容。我们通常所考虑的"多样"，首先存在一个原型，而它又存在变形，但真正的"多样"似乎不是这样的。蛋白质的研究者正在将蛋白质所具有的结构辞典化。据说在这样的辞典化结束后，将会开始对最初如何获得蛋白质结构的研究。我早先从研究者那里听到了这些，觉得真是厉害啊。

　　我们周围的世界是多样的、暧昧的、复杂的，但是如果不将这种复杂的东西抽象化，就不能在建筑中表现出来吗？如果能从身体性的角度来理解蛋白质的结构，像这样来做出建筑的话，应该是非常有趣的吧……但是说起来是容易的，而无论怎么说，不经由一个模型，多样性是无法轻易成形的。

今天要说的，未必是最近在做的建筑，而是希望通过讲述项目的过程，能够回答一下小野田提出的问题：使用"动线体"的人为什么又说出"装饰"之类的话？

串联动线而建立整体

在"潟博物馆"这个建筑中（图01～图03），要素只有走廊、楼梯、画廊这样的相当于动线的东西。像"房间"这样的东西基本上是没有的，因为是串联动线而组成的整体，所以当时称其为"动线体的建筑物"。

这个建筑是在 1997 年完成的，所以已经有六七年了。一直到完成之前，自己都觉得结构很有趣，但是完成了之后，不知怎么，总觉得不对劲。这是为什么呢？

所谓的房间，正如我们现在所在的这个房间这样，是事先在那里定好了应该进行的内容的场所，像是听讲座之类的；另一方面，所谓的动线的部分，是内容没有定下来的场所，也就是说，是功能没有被确定的暧昧的场所。所以，只

图01　潟博物馆／1997　外观

图02　潟博物馆　室内

用动线来创作建筑的方法应该有一种自由的感觉吧，然而，虽然试着做这样的建筑，但完成后，走在其中确有一种强烈的不自由的感觉。这是感觉不对劲的理由之一。

除此之外，还有一个理由。这个建筑是要"做一个能让人看到潟湖的博物馆"，我是从制定项目功能的最初阶段就参与了，然后才开始对设计进行推敲。在设计的时候，在这样一个形式下，和功能排布基本没什么关系。很多时候，大体被决定了之后，人们就会说"好了，请做设计吧"；说"不，还想考虑一下功能"的情况也是有可能的，但也只不过是提出一种希望罢了。而我们所处的状况就是必须接受各种情况，同时进行设计。从这个意义上说，这个建筑是非常特殊的例子。

进一步来说，在刚才小野田的问题中，所提到的与功能的关系是存在的，但是所谓的"动线体"与基本的建筑中的功能是大体相当的。因为是功能将内部空间结合在一起，所以在说"内部空间不用设计"的时候，用动线体来设计就变得困难了。也就是说，如果说"想在不对内部空间进行操作的前提下设计建筑"的话，自然是非常为难的。如果遇到这

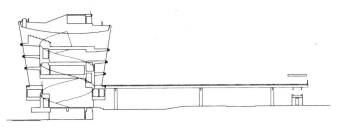

图 03　潟博物馆　剖面图

样的状况怎么办呢？正对此感兴趣的时候，接到了路易·威登（Louis Vuitton）的委托项目。

像气凝胶体一样的表皮

这是"路易·威登名古屋店"完成的状况。虽然我也可以设计室内，但是实际上我没进过路易·威登店里，店里应该是怎么样一个状态也不是很了解，我也不认为自己做的室内设计很好。所以在这里，希望能够为内装提供一个场所。内部是要做各种各样的改造的，所以，我希望尽可能将室内空间处理成单纯的矩形平面，这样更易于改造。但是建筑外立面的话是长时间不变的。所以，我为其设计了内部箱体和外立面这两种视觉状态。

实际上，之前我并没有只对建筑外部进行设计的先例。即使是"潟博物馆"，从外部看起来的状态，也正是通过某种方式对内部结构处理后才呈现出的一种结果。在"潟博物馆"中，外立面使用了透明的玻璃，但是像那样做了之后，关于外装应该是怎样的，到那时为止都没怎么考虑过。但是在路易·威登专卖店的设计里，只对外装进行考虑成为了设计的关键。于是，我开始想："那么，要怎么做呢？"正在这时，以"基于新材料的新设计"为主题的《创新媒体与当代设计展》（Mutant Materials in Contemporary Design）开幕了。这个展览会最初在纽约现代美术馆开幕，在东京是在OZONE生活设计中心（living design center OZONE）里展出的。展览中展出了一种叫做气凝胶体（aerogel）的新材料，这种材料是由98%的空气和2%的气凝胶组成的。这里面的空气就像雾一样积压着，看起来很美。我当时想，这种材料如果能用在名古屋的路易·威登专卖店里就好了，所以后来，就有了那样的设计。

从商业意义上来说，名古屋店的设计是成功的。后来，别人又委托我将位于银座的百货店松屋的一角改造成路易·威登·银座松屋店铺。对方虽说是想用和名古屋店同样的方法来做，但是名古屋那个像气凝胶状，虽然感觉不仅是外装，内部的立体体量也被处理过，但是只有外装的部分引人注目。所以，在银座，希望使其更加清晰地呈现出来。

在银座这里，夹层玻璃中间、房间内侧的玻璃表面，以

图 04　路易·威登东京店

及内侧的墙壁上都印上市松花纹。从只有一层花纹的地方可以看进店里面。不仅里面的气氛可以从外部看到，而且就像气凝胶中间的世界那样，看上去有种和通常不一样的感觉。虽然实际上没有设计内部的空间，但是我想，这样一来不是变成可以将内部也收拢进来的设计了吗。

水晶束般的摩天楼

我还设计了路易·威登纽约店。这个项目只是 Cross&Cross 建筑设计事务所的"纽约 TRUST 公司大楼"项目的一部分。休·弗里斯（Hugh Ferriss）[1]在纽约分区条例（zoning）颁布之后，描绘了各种各样的纽约摩天楼景象，而这个设计就受到了休·弗里斯画作的强烈影响，给人一种"水晶束般的摩天楼"的印象。

这个外部设计，单纯地说，是想恢复那种"水晶束般的摩天楼"的感觉。与其说是设计建筑的部分，不如认为，

---

① 休·弗里斯 /Hugh Ferriss（1889~1962）以渲染图为职业，用木炭绘制富于阴影，极具暗示性的画作。追求 1916 年制定的分区条例带来的可能性，出版画集《明日的都市》（The Metropolis of Tomorrow，1929）

是对纽约街区的一部分进行处理，将街区整体的气氛变成休·弗里斯所描绘的世界。在这里，夹层玻璃中间和房间内侧的玻璃表面都被加上了市松花纹。所谓的水晶，有透明的地方和朦胧的地方，在这两者之间还有渐变。为了实现这一点，设计了从内部通透可见向不透明不可见的渐变。

实际上，这个设计已经是很多年前的了，那是美国发生"9·11"恐怖袭击的那年。名古屋、银座、纽约的路易·威登专卖店是一连串的设计。那时，虽然想设计内部空间，但只能做外装。虽然只能做外装，但总觉得要保持一种好像要做到内装的心情——希望用这样一种感觉来做设计。所以虽然实际上设计的并非是实体，但要像看得到体积那样来设计，之后开始思考的是，能看到体积又有多少意义呢？

在伦敦动物园有个著名的"企鹅湖"（图05）。正中间做了两个薄的混凝土螺旋坡道，无论从技术上还是设计上，都被认为是一个著名的建筑。它确实很好，不仅坡道很漂亮，而且从外面看到这个椭圆形的坡道时，还会非常羡慕企鹅们。看着看着，我不禁想象起自己变成企鹅的场景来。在

**图 05　企鹅湖 / 1934 /
TECHTONE**

这个瞬间，虽然没有用玻璃做波纹这样的操作，但"企鹅湖"的外部和内部之间的关系仍然得以实现。这才是真正意义上的体积吧。

所谓的"体积"，在字典上查的话，和"体块"（mass）是不同的。体块是与固体有关，而体积指的是液体和气体，也就是不具有形的东西的体块。所以，比如说，当气体充满房间时，可以说是"将气体的体积置入了房间中"。

这么一来，通常情况下，如果没有容器，体积是不成立的。但是，人们也可以抛开容器的概念，在头脑中想象架空的体积。所以就有了体积这样的说法。从纯粹的意义上说，所谓的体积，实际上是不可能存在的，但是气体和液体以具有某种形的整体存在在那里，也可以说是作为"对面"的世界的某种状态。那么，如果要问在这个"企鹅湖"以外，是否存在这种东西的话，答案是肯定的。柯布西耶[1]的"拉图莱特修道院"（图 06）是大家熟知的建筑了，但是去现场走一走的话，却会有种迷路的感觉，因为里头有各种各样不同

_____

[1] 勒·柯布西耶（1887～1965）建筑师，画家。他揭示了时代的新精神，在理论和实践两方面领导了现代建筑界。还参与了 CIAM 的创立和运营，提出了国际化的城市规划方案。

**图 06　拉图莱特修道院／1957／
勒·柯布西耶**

的空间，而在这些将他们连接起来的场所中，互相之间却能够看到。但是，实现这些的构成，与走在其中时感觉的复杂度比起来，却是相当理性的。"拉图莱特修道院"好在，进过建筑里面之后，到现在还能在头脑中再度构筑出这个复杂的地方，包括那些体验过的场所的尺度、空间的品质和场所性等。我想，这从某种意义上说也是一种体积。建筑并不是为了看到而被设计的东西，而是通过体验到的东西，在人的头脑中被作为存在其中的空气感的整体而生成的。这不是基于波纹玻璃的外观层面的体积，而是体积本身的呈现。

创造"体积"

"青森县立美术馆（暂名）"是可以有各种各样的说法的一个建筑。这是在 2000 年举行的设计竞赛，预计在 2005 年 9 月完成。旁边是三内丸山遗迹，那里有沟壕，是很棒的空间，所以希望将这种沟壕空间引入到美术馆中来。

当然，不能否认，这是基于与三内丸山遗迹的关系的考虑，但是说起来总觉得是为了说明而说明。从我的角度说，是想做像"拉图莱特"那样的东西才这样设计的。"像拉图莱特那样"的意思不是要模仿其构成，而是那种虽然乍一看有种迷路感，但是以此作为完成的空间体验而使体积被感知的空间。在这里，体积的意思是，能给人一种此处空气与外部不同的这样一种感觉的场所。于是，尝试着做出这种与土地和建筑下表面咬合的"体积"。首先，将地面纵横方向网格状地切割，做出一种凹凸的状态，然后从上方将底面凹凸不平的建筑盖上去。于是结构体和土地之间就产生了间隙空间。这样一来就将整体组织了起来（图07）。

在其中是怎样的一种体验呢？先有土地中的空间，接着，建筑的空间就呈现了出来。然后又一次呈现土地的空间。像这样，场所交替着出现。也就是说，土地空间的旁边是箱体空间，箱体空间的旁边是土地空间。将其翻译到平面上就变成了市松花纹。平面的规则是以这种市松花纹为基础，对其进行变形和构成。

"间隙"具有各种各样的尺寸和比例。走在其中，或许会有一种迷路的感觉，但是创造这种迷路感，并不是意图所在，而是因为刚才所说的"创造体积"，才有了

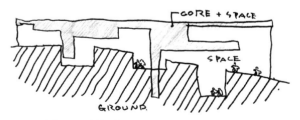

图07 青森县立美术馆（暂名）/2002~ 剖面草图

这样的构成。

创造这一侧和相对侧

"路易·威登表参道店"是基于和"青森县立美术馆"以及"拉图莱特"一样的考虑。因为路易·威登是做皮箱的，所以设计了一个箱子重叠起来的形，尺度是与街对面的"同润会青山公寓"相一致的。但这只是一个说法而已，实际上还不如说是想根据各种各样的空间组合，在"这一侧"和"相对侧"恒常共生这样一种关系之下来做建筑。虽然我已经做过名古屋店、银座店和纽约店的建筑设计，但与那些相比，这个内部空间中的一个个箱体大小和组合方式更重要。

这个建筑的另一个特征是表达街上排列着的榉树的状态。行道树可以以各种各样的状态出现，但是在这里，强调了其中的一种状态。树木不是作为整体呈现的，而是用了强调出其某一面的做法。露台的高度正好在树的顶部，所以在周围的顶棚、地面和墙壁的反射之下，有一种在林中的感觉。

从入口进去，可以看到上面的楼层和下面的楼层。是从某个空间能看到邻接空间的这么一种关系（图08）。三层上通过玻璃可以看到榉树，从这里开始，与其说感觉在林中，不如说是前面有巨大的树的体量的感觉。另外，跟路易·威登箱包用的衬料一样，七层的房间上下都以相同的材料来完成的。然后是大厅，和榉树的呈现方式一样，虽然实际上可以看到外面的景色，但看的方法与普通的不一样。从这个意义上，可以说"这一侧"和"相对侧"形成了一种关系。

对于时尚来说，重要的是创造幻想。那不是迪斯尼乐园这样的完全不可能存在的世界的幻想，而是作为与现实存在的东西不同状态下的东西来呈现。然后，在这种幻想中，成功的东西以时尚的身份被贩卖。所以，这也可以说是时尚的定义本身吧。

从狗的视点来看家

将一个实际状态以各种各样不同的状态展现出来的考虑，是在创造路易·威登的体积感时派生出来的，这在住宅中，同样可以发生。

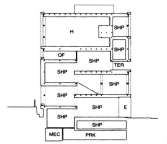

图08 路易·威登表参道店 剖面图

在建筑"O"中，建筑整体的大部分是半地下的（图09）。做住宅的时候，自然有住在那里的家庭，但与其说是为家庭而创造空间，不如说家庭中每个人的空间分别存在其中，变成楼层，然后重合到一个物理的住宅空间上。所以研究的方法也是如此，不是要考虑对这个家庭来说怎样的家比较好，而是要问对于祖母来说要怎样，对于女主人来说要怎样，从这些各自的视点来尝试。这个家里有狗，所以从狗的视点来看所谓的家，当然也是有可能的。

从同一系统中产生的多样性

做路易·威登的时候，对于只设计相当于建筑包装的表皮是有抵触情绪的，但是渐渐可以正视这个问题了，觉得既然要装饰就装饰好了。开始有这么一种感觉，也许在装饰本身中也有有趣的地方。

优衣库（UNIQLO）在加入蔬菜商业时，我经手了一个番茄种植地项目"FARM"。很遗憾，后来取消了，没有实现。番茄基本不用浇水就能种植而且这样更会变得非常美

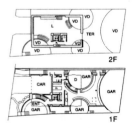

图09　O平面图

味。所以对于番茄来说，要架设一个能受阳光照射但是不会淋到雨的临时屋顶，就是个像塑料大棚那样的东西。因为在那里种植番茄，所以想要展示这个种植的场所本身，并且想在都市里的各个地方像大篷车那样巡回展示。

但是这个临时的屋顶系统怎么来做呢？有一些包含了正方形、三角形之类的图样，在这里用的是六角形来作为屋顶平面的原型。这个六角形的屋顶覆盖田地，但柱子立的位置跟一般的有点不同。柱子立在接头的地方是通常的做法，但在这里，柱子立在六角形的各条边上。运输的时候当然是分开的。以这个柱子为中心的蝴蝶丝带状的东西形成一个单元。用这个单元，实际上可以做出各种各样的图样。比如说，可以是星形、圆形、花形等，在同一个系统下，各种各样的变化成为可能。

这个系统的优点在于，在各种各样的地方都可以运输，而且在边界的地方，也就是最边缘的地方，自由度很高。这可以用来应对各种用地。在形状相当变化的地方，也能成为能够应对的系统。这可以说是结构，但也可以说是装饰吧。

但是，这还不如蛋白质那么有趣。蛋白质不仅仅是这种基本的规则，虽说如此，但是做建筑的时候，没那么容易到达那个程度，所以，我对从同一的结构中，生成这种多样性非常感兴趣。

像云那样的多样性

有一个相似的项目，是东京汽车展览会上的三菱汽车会场的设计。考虑到是汽车展览会，所以，车的照明是最重要的，于是设计了顶棚照明的格架。

会场是由大大小小的环状照明格架咬合构成的。像校仓（一种用三角形、四角形或是梯形组成井格状外墙的仓库）的建造结构那样，在环和环咬合的地方产生的构成。像梁一样浮着的环，是将 30mm 见方的铝制构件夹住 10mm 厚的丙烯板所形成的东西，再用间距为 60mm 的螺钉固定层叠的层状板。丙烯板本身分成各种各样的片，可以说是为了将其合成起来而使用了铝；因为丙烯材料会扩张，所以也可以说是用铝来压住它。在这里以环为单位，探寻这种像云一样的多样性究竟可以在多大程度上呈现出来。

只用 10cm 的圆来创造场所

在"路易·威登六本木山店"中，尝试了只用直径 10cm 的圆可以做到怎样一个程度。外装是长为 30cm 的玻璃管穿过两块镜面不锈钢板上相同直径的洞而被悬挂着，同时，支撑着两面的玻璃。这里的趣味在于，虽然只用了透明的玻璃，但是根据看的角度变化，能看到白浊感。反射周围的光和色，虽没到变色龙的程度，但确实一直变化着。内部也用了 10cm 的圆不断重复。金属环的构成，从不同的角度看，有时看起来像不透明的墙壁，有时则能看到重叠的云状的不可思议的东西。显示器的地方也用了这种环。在这里给出的空间的形状和大小，与表参道的路易·威登完全不同，所以像表参道那样的做法是不行的。因此，我在六本木所做的，也可以说是装饰。用 10cm 的元素的集合，来创造场所。不过，这样做的话，自己就有陷入某种状态的倾向，但是"为什么装饰会被认为对本质来说是琐碎的东西呢？"

在罗兰·巴特（Roland Barthes）[1]的《符号帝国》[2]这本有名的书里，他在"包装"那个章节中写道："日本的包装很漂亮，打开时，里面放着与包装相比几乎是没有价值的东西，这很有趣。"虽然不是很理解，但是巴特的印象，从某种意义上说是"本质"对"表层"的呈现，或者说是并非装饰的，表层本身伴随有本质的看法。一边被此鼓舞，一边想着：装饰就装饰吧，有什么不好呢，像这样渐渐地自己也就想通了。

被扩大 700 倍的壁纸

这是两年前在东京国立现代美术馆展示的叫做"U bis"的装置作品。参加的作者会被提供展示的场所，所以为了做这种展示空间，美术馆中设置了临时的墙壁。在此，我使用了这些临时墙壁的间隙和内侧，创作了装置作品。对此，是有各种考虑在里面的。比如临时墙壁本身，与其说是实体，不如说是为配合展示而做的虚构物。所说如此，但还是想赋

---

[1] 罗兰·巴特（1915~1980）法国符号学家，思想家。受到了索绪尔和萨特的影响，关于写作建立了独立的思想立场。主要著作有《神话作用》（现代思潮社，1967），《札记的快乐》（美铃书房，1977），《零度的写作》（美铃书房，1991）等。

[2] 《符号帝国》罗兰·巴特著，宗左近译，筑摩书房，1996。

予其稍多一点现实感。

这个时候，对于这个间隙中如何处理，做了各种各样的研究。结果是，将极普通的壁纸扩大 700 倍，贴在间隙内的墙壁和顶棚上。700 倍是相当大的尺度了，所以虽然是与原来的壁纸相同的图案，但是已经看不出来了。壁纸虽然是完全的装饰，但是对装饰来说，有尺度这么一个参数，所以改变了这个参数，就变成完全不同的装饰了。这时，使用电脑扩大壁纸的话，就存在解析度的问题。也就是说与像素有关。变成 700 倍的话，一个像素变成大约 1cm 见方。但是这个 1cm 见方的东西并不是单色的，而是有层次的不可思议的像素的呈现。这很有趣。

也就是说，所谓的装饰，不只是尺度的问题，解析度的问题也包含其中。根据解析度的变化，会产生不同的图案。通过这个作品，充分理解的是，关于尺度和解析度的考虑，实际上是非常重要的。

尺度和解析度

我设计的第五家路易·威登专卖店的是"路易·威登银

座並木（店）"。因为只设计原有的现存建筑的外壁，所以完全是装饰，与内部房间没有任何关系。是单纯地去创造方形的突出或凹入这么一种视觉状态，像这样只呈现尺度和解析度的建筑。

　　进一步说的话，与伊东丰雄在"松本市民艺术馆"（参照 1 卷 17 页）中做的东西是相似的，那是在 GRC[①]中打入玻璃，在银座並木街（东京）的路易·威登店里，则是在 GRC 中打入与水磨石相似的白色半透明雪花石膏石。在实体模型中，做了使外壁的一部分根据从内部来的照明而浮现出来的实验，明亮的部分是 GRC 镶板从内侧被削得非常薄的部分。这样一来强度变弱了，所以在内侧加了一块玻璃，制成多层压板。要是完成了的话，想知道的是，窗的要素与其他部分存在多少差异，与周围建造的其他建筑之间，存在多少尺度的差距。

---

① GRC 是玻璃纤维补强水泥（Glass Fiber Reinforced Cement）的简称，是种用耐碱玻璃纤维对水泥砂浆补强的水泥。这是和拉伸强度和韧性差的无机质水泥中补上拉伸强调好的玻璃纤维之后的复合材料。强度是通常混凝土的 5 到 10 倍左右。

　　这样做了之后，我不禁想起罗伯特·文丘里[①]（Robert Venturi）和丹尼斯·斯科特·布朗（Denise Scott Brown）[②]的共同著作《向拉斯维加斯学习》[③]。特别是其中，被文丘里称为"鸭子"的建筑[④]。这是为了传递某种符号意义，而使建筑本身具有"鸭子"的形，内部的空间和结构据此而被变形的建筑。然后他说，实际上所谓的现代建筑不就是"鸭子"吗？所谓的"鸭子"，从形上来说是装饰的，这样一种将装饰本身带入建筑的空间和结构的现代建筑的创作方法本身也是一种装饰的态度。

　　与此相对的，有被他称为"装饰外壳"的建筑。拉斯维

---

① 罗伯特·文丘里（1925～）美国建筑师。从埃罗·沙里宁和路易斯·康事务所独立出来。主要作品有"母亲住宅"（1963），"富兰克林法庭"（1972），"圣地亚哥现代美术馆"（1996）等。著作有《拉斯维加斯》，《建筑的复杂性与矛盾性》（鹿岛出版会，1982）等。

② 丹尼斯·斯科特·布朗（1931～）美国建筑师。1969年开始与文丘里成为合作伙伴，有很多设计和著作活动。

③《向拉斯维加斯学习》（Learning from Las Vegas，1972）罗伯特·文丘里、丹尼斯·斯科特·布朗与史蒂文·艾泽努尔合著。

④ "鸭子"是指做成鸭子形状的"免下车"服务设施，用建筑全体的形来承担象征意义。文丘里批判现代建筑一面拒绝明确的象征，一面却过于沉溺于以内外一致为目标的"鸭子"这样的东西中。——译者注

加斯的建筑只有立面有特征，但内部却非常平庸。文丘里认为，通过将承担意义作用的装饰从承担功能作用的建筑中独立出来，更加洗练的建筑将成为可能。建筑上带有画着"EAT"之类的招牌。然后他主张，这个建筑的方法是更加现代的。对于他来说，如果说现代建筑是纪念碑的话，那么更实在地说，像普通建筑那样画上"我是纪念碑"更好。到此为止的议论，我本人非常赞成。也就是说，将装饰作为装饰，作为完全自立的东西来考虑。文丘里做得有点过了，难道真的将自立的招牌放上去？但是，我提出的问题是"为什么空间、结构和装饰一定要是谁包含谁的关系呢？"。

反复的研究

接下来，大概展示一下一般在事务所里做些什么研究。确实，如果说窗的话，对于多大尺寸，如何来配置，要做不计其数的研究。

"BF BUILDING"实际上没有造出来，这是一个高48m的10层租赁大楼的方案。思考的方法与刚才的路易·威登专卖店有点像，研究如何避开结构来做个比一般更大的窗。

这种操作没有模型是不行的。不是做模型的人就不能理解一个个模型的差异，仔细看的话是非常不同的。这个样子好不好、用什么颜色……我会重复做这样一些研究。

要在外壁用玻璃的话，接缝就会出现在表面上，所以为了消除它，加上满满的横线装饰会比较好。另外，真的只用"尺度"就做不出来吗？只改变正方形的大小能得到什么呢？我也会做出像"这么大怎么样，稍微拉长一点又会怎么样呢？"之类的假设。这样做与观察它周围的建筑以怎样一种尺度存在也是有关的。在意识中是否这样做，会使生成的东西发生改变。

对玻璃的层叠方法，也要做各种各样的实验。如果我们从下往上看有一定高度的建筑物的话，玻璃的弯曲会引起光从正侧面漏出的想象。到相当靠上的地方，因为弯曲而可以看到里侧。因此玻璃块的分割方法可以产生出相当不同的表情。

外壁图案的选择也要作各种各样的试验（图10、图11）。改变图案的话，表情一定会跟着改变。最终选择的是

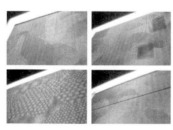

图 10　BF BUILDING / 2003　立面研究

图 11　BF BUILDING　立面展开图

从安迪·沃霍尔[1]（Andy Warhol）的绘画中引用的迷彩图案，但我是将其模糊后使用的，所以用了穿孔金属板。当然，洞的大小和打洞的位置也是仔细考虑过的。迷彩图案是相当有特征的绘画形式，它没有图和底的关系，以一种分不清哪里是图哪里是底的状态呈现。在这里，我想用两层穿孔金属板的重叠来做出迷彩图案，并以此强调程度的变化。根据看的角度不同，某种图案会被强调出来。因为这种变化微妙而很难分辨，所以用了稍微大一点的模型来试验。

我反复地做像这样的实验。要想知道究竟用怎样的解析度和尺度来做这个迷彩图案，就只能实际试着做一做。那种有点像路易·威登花纹的方形尺寸的东西实际上也是经过这种方法的实验后，一个一个决定的。这种实际的试验都是从稍微大一点或小一点这种调整中产生的。

最近，研究的重心放到这种非常表层的尺度上来。不仅是不能设计内部的建筑，能够设计内部的场合最近也一

① 安迪·沃霍尔（1928～1987）美国画家，艺术家，波普艺术的旗手。用丝网印刷技法制作了以漫画和广告图像等大众符号为主题的作品。也参与过摇滚乐队和电影的制作。

样在研究。

在建筑中降雪

　　这是最初被小野田称为"第三座塔"的气博物馆（GAS MUSEUM）（图 12）。这是在东京丰洲的规划，基地是这个岛上从平面上扩展出来的部分，也就是该岛入口处的必经之路。在那里，我规划了一个横倒的塔作为"门"。

　　正如大家所看到的，高度在 20m 以上的一个板状物立在那里，其中有宽 4m 的管状细长通路。穿过它就到达了岛上，里面一整年都下着雪。

　　这个岛上已经确定要搬来一个筑地市场，所以大型卡车的噪音会很大。雪有吸音的效果，所以用降雪的方法可以使管道中非常安静。博物馆本身与通过这个基地的道路在视觉上是一体的。至今为止，特别是在"潟博物馆"中，我都在内部的组合构成上花了很大的力气。但是，那并没有如此重要，单纯地使博物馆存在于跟道路相同的空间中就可以了。说起来，像是刚才的"装饰外壳"那样的空间是有的，最近思考的是像这样与惯常地做建筑有点不同的问题。

图 12　气博物馆／2004

讨 论

青木淳 + 小野田泰明 + 金田充弘

金田 在 1970 年代，文丘里所谓的装饰和青木考虑的装饰之间有什么关系呢？能不能再详细地说一说？

青木 最初金田就问了关于结构和装饰之间关系的问题。上次的讲座里有过说明，为了方便理解，举个例子，伊东的"TOD'S"是"鸭子"①。也就是说，是基于"将装饰和结构一体化比较好"这种考虑下完成的。虽然还不是很清楚，那是结构的装饰化还是装饰的结构化，但是从我的感觉来看，那是将结构也作为装饰来呈现。

　　文丘里在"装饰外壳"里所说的结构，是具有作为结构合理性的结构，本来，结构和几何学形态就是相似但非常不同的。形态理论和结构理论终究是分开的。请不要误会，我并不是要批评"TOD'S"。不过在那里，也不能说全部的枝都是起结构作用的。有起作用的地方，也有不起作用的地方。我认为，那里的结构也是作为装饰的。似乎有一种

---

① 罗伯特·文丘里在《向拉斯维加斯学习》一书中将建筑分为两个类型：一个称为"鸭子"（duck），指单一、冷漠、缺乏时代感的建筑设计；另外一个则称为"装饰外壳"（decorated shells），指采用为良好目的服务的装饰手段而形成的建筑风格。——译者注

强迫观念，即无论如何要将结构和装饰作为相同的东西来解决……说起来，似乎一直拖着"鸭子"这样的现代建筑，有种本末倒置的感觉。

我现在发现的只有尺度和解析度，但实际上，装饰本身也是广阔的领域，那或许是能够与开始所说的复杂性、暧昧性、多样性之类的问题相对应的。所以我想，将装饰就作为装饰分开来考虑的方法是具有可能性的。然后就提了文丘里那一说。

然而，紧随文丘里出现的是后现代。这回相反，结构确实没什么意思，但很流行在外面包裹一层表皮的做法。要问这好不好的话，我也不知道（笑）。说不知道吧，倒也有那么一个印象，但历史就是那样。所以我并不是想完全肯定文丘里所说的东西，但对于他写的"现代主义的结局，从某种意义上说只不过是鸭子式的装饰"，我感觉非常有趣。

小野田　我想，说到伊东的话，在他将装饰和结构一体化的意图的背景中，存在着这样一种想法，即在装饰和结构之间留出间隙，在那里出现刚才那种结构和包裹的表皮之间的不同寻常的空间，希望通过将这些整合一体，而打开一个新的方向。这本身与"蜕变的现代主义"这个主题也有很强的关系。技术在进步，考虑新的结构而使其变得能够实现，这件事本身并不是坏事。

比如，青木在做"路易·威登表参道店"时与结构师佐佐木睦朗（/Mutsuro Sasaki）①的合作。那时与佐佐木之间有过什么故事呢？

青木　从模型角度设计的东西，在力学上不是最好的。那么，将具有某种形的东西堆积起来的时候，结构上怎样解决比较好呢？

在做路易·威登店的时候，先决定了形。看模型的话，就像是长方体堆积在一起的状态。不过，与其说想要那样一个形，不如说是将这些空间作为单位用模型表示出来。因为长方体随机堆放，柱子不穿通，所以说起来是建筑整体自支撑的状态。可以说是整体性的（holistic），也可以说是非等级化的（non-hierarchical），总之不是什么支撑什么，而是设法使之作为整体而成立的状态。也许可以说是一种柔弱的

---

① 佐佐木睦朗（1946～ ）结构师。法政大学教授。1980 年，成立了佐佐木睦朗结构计划研究所。主要作品有"札幌 Dome"（与原广司合作，2001），"仙台媒体中心"（与伊东丰雄合作，2001），"金泽 21 世纪美术馆"（与妹岛和世＋西泽立卫合作，2004）等。

状态。所以力是在传递的，但在上层和下层的柱子上是在不同的方向上传递，产生了一种立体的状态。一边对其进行稍微的调整，一边在空间上寻求的东西和结构上能够成立的东西之间取得平衡。这是结构形式的解决方法。不是单纯地将箱体堆积而成的。可以说是将箱体和箱体之间的间隙做成结构。就那样对那些问题直接地做了讨论。

对于预言的失信

小野田 刚才，对于"这一侧"和"相对侧"的问题谈了很多，去"路易·威登表参道店"参观后发现，确实，箱体连在一起，存在着"这一侧"和"相对侧"，渐渐地产生了想去到相对侧的心情。空间构成做得非常巧妙。为了使人感受到这一点，可能还可以说到对"预言"①的研究，我想这也是为了提出表面的重要性。青木，你自己在做面的时候，是怎么想的呢？

青木 是这样啊。但是我没有考虑过这个问题。我不怎么在建筑上附加那些区别于肌理（texture）的东西。"路易·威

---

① 美国知觉心理学家 J·J·Gibson 提倡的认知心理学中的概念。物体、物质、场所、事象、人工物等环境中存在的所有东西都恒常内含着催生动物（人）的知觉和行为的契机。

登店"是这样,"青森县立美术馆"也是这样。虽然也有功能上不需要的部分,但是我本人觉得没有必要。

我不认为预言在设计领域具有意义。虽说某种环境会诱发某种行为,但是要问这与现实的肌理有什么关系的话,我想是完全不同的。比如,蚯蚓从地面钻出来的时候,根据土的坚硬程度会采取各种各样的行动。这是非常有趣的,但所谓的预言的逻辑,感觉是使人从某个方向上感知的装置。所以从我的角度来说,那不是创作的逻辑。

创作的逻辑是非常恣意地包含了意图的东西。用一种方法做不行的话就再重做一次。这样的设计有很多不按规则的部分。从这个意义上说,预言在环境的解读方法中是成立的,但与"创作逻辑"却相去甚远。所以目前,我正在研究在没有预先暗示的情况下到底能做到什么程度。

小野田 原来如此。那样的话,如何来区分"这一侧"和"相对侧"呢?

青木 创造"这一侧"和"相对侧"的一个简单的方法是,

在其间加入一个过滤器。在"路易·威登表参道"中，使用了网来做过滤器。那个网给人一种似有似无的感觉吧？通过这个过滤器，"这一侧"和"相对侧"呈现出的状态就不同了。这是最简单的方法，但是不太想象那样做。不对，应该说也有功能上的意义，那样做也是可以的，但是与其如此，不如像"企鹅湖"和"拉图莱特"那样，不使用过滤器这样的小技量，"相对侧"和"这一侧"的区别状态能做到什么程度呢？结果不是还原到肌理，而是还原到刚才我说的尺度和解析度上来了。

小野田　确实，表参道的"路易·威登专卖店"在移动中，尺度和装饰的解析度都在发生微妙的变化，所以有一种往来于那里和这里的感觉。

青木　从不同方向看物体，看起来的状态也在改变。所谓的"好的"建筑，从远处看，就是一个块，但是从近处看的话就不同了。远景、中景和近景看起来都是不同的。但是，果真是如此吗？因为是心理感觉上的问题，所以是不能明确测定的，相反，如果有从近处和远处看起来完全一样的东西的话，那会是什么样的东西呢？我想，据此，不同的可能性就出现了。所以我用对肌理的处理方法，也是基于对这一点的理解。

外面的网是这样，七楼的叫"LV Hall"的白色房间的窗帘也是这样。窗帘上有白色丝带刺绣，这些丝带刺绣的图案到某个地方为止就不太能看见了，但是，一旦靠近到某个位置就突然能够分辨出图案了。接近到 3m 的位置时，可以看到自己周围满是肌理。再接近一点的话，又会出现看不到肌理的状态。这些东西也许一般不会被意识到，但就是在这个意义之下进行控制。我想，所谓的尺度就包含着这一部分内容。

视觉规则

金田 关于物体的尺度，能不能再谈一谈"做法"的问题。设计规则和做东西的规则是不一样的。很多建筑师认为，根据对设计规则的思考，会有多样的答案出现，但是我感觉，青木的迷彩图案，与其说是基于设计规则的研究，不如说是在实际制作东西的层面上的研究。是这样吗?

青木　不知道是好事还是坏事,最近不画草图了。

比如,在"路易·威登店"的设计中,我用穿孔金属板做花纹,重叠的打孔效果是现象上的东西,所以是无法用图画描绘出来的。所以就用了模型来试验。但即使是用模型,比例变化的话,花纹也不好出来。所以全部用了原尺寸。结果最后还是做了大模型。感觉不是"其本身"的话,就无法进行研究。

不过,基于这一点,果然很多问题都可以理解了。说到穿孔,板的厚度不同的话,效果本身和氛围都会不同。所以,与其说是图案的问题,不如说是图案的呈现状态的问题。一直在考虑的就是这个关于"在物理层面上如何存在"的问题。

小野田　你说的话非常容易理解,从某种意义上说,是非常重视视觉的设计方法。青木所说的"体积感"(volume),感觉也是与存在于其中像是以太(ether)这样的介质相似的。那样的东西，也是包含了视觉以外的感觉而成立的。青木你本人是怎样来创造这个"体积感"呢？

青木　首先是关于视觉，当然，听觉和触觉在建筑中无疑也是很重要的东西，我对此也很感兴趣，但这本身不可能成为遍及全体的规则。比如在最终呈现给大家的"气博物馆"中，使用了降雪的发射工具（笑）。所操作的与其说是视觉上的，不如说是触觉维度的问题。不过这也是偶然的，一般还是视觉上的问题。为了用一个秩序来整合全体，我想无论如何也要依靠视觉上的东西。可能因为我是一个守旧的人，所以觉得那应该是建筑最重要的原理吧。

　　建筑和非建筑的区别只有一个，在建筑中，必定存在规则。没有规则的东西，我不称其为建筑。比如说，自然具有规则，所以可以称为建筑。我还是喜欢规则的，对没有规则的东西不感兴趣。寻求某种规则的结果，基本上是视觉规则的情况居多。

　　关于功能也是，比如，这里是吃饭的场所，这里是集会的场所，假设有这些功能存在，那么我想这种功能是可以用各种各样的空间来对应的。也就是说，为了集会，不做通常认为的正式比例的房间，而做细长的场所的话也是可以的。从这个意义上说，功能和空间的关系，并不是——对应的。有一个时期考虑的是怎么做这样的空间。但是现在，对这个没有兴趣了。之所以会这样，是因为，同样是 10m 见方的房间，根据内装的不同做法，会成为完全不同的房间。

我对在这种空间中创造感觉的方法比较感兴趣，却对材料没什么兴趣，某种意义上说，什么都可以。所谓的"什么都可以"，是指能选择的话也会很高兴地选择，但是假设小野田说"我想用这种材料"，那么"好，就用这种材料来做吧"，是这样一种感觉。

金田　我还想再问一问刚才说到的"鸭子"的问题。基于"装饰就作为装饰好了"这样的判断，确实打开了一个新的可能性。这在文丘里的时代中，变成了后现代的形式。这次是怎样的一种与之不同的可能性呢？

青木　不知道。但对好像有某种可能性存在而感兴趣的是刚才展示的"FARM"。那首先是一个结构体，但装饰并不与结构体相区别，而是与之相一致的。但那时，并不是将结构装饰化，而是有一种平衡。

所谓的"结构的合理性"是什么呢？我想，大概与为了做某种形而采用某种结构形式不同，是一种存在于结构系统中的另外的合理性。我认为那时结构的美，如果不将之展现出来的话，这种结构就是不行的，不能使用。

我认为结构能不能被看到，是另外的问题。结构是恒常存在的东西，所以无论看得到还是看不到，丑的东西就是丑的，而美的东西就是美的。特意将其展示出来，有时有必要，有时没有必要，如果展示出来效果好的话，还是展示出来的好。所以，虽说"装饰和结构分开的好"，但在某些场合，结构就那样存在于装饰的场合中也可以。文丘里时代的失败，以"装饰外壳"为例，是将广告牌和建筑完全分离的结果。

小野田　这么说来，装饰和结构的关系的建立方式，也是在每个项目中被选择的。

青木 是的。每个项目中做的东西是不一样的。因为每个项目中都有趣味性的存在，所以要在工作中去发现它们。因此，在每个项目中做的东西当然也是不同的。不过罗列出来的话，总觉得是相似的。这并不是有意为之，而是偶然的结果。

从设计演算中不可能产生的多样性

小野田 与这个话题相关的是，伊东在讲座中举出设计演算法[1]的例子，说从单纯的规则中会产生结构的美。青木感觉如何呢？

青木 使用设计演算法的时候，是要用它来做什么设计呢？这不是那么容易回答的问题。我不知道如果只有设计演算法的话，结果是怎样才好。

大约 15 年前，藤幡正树（Masaki Fujihata）[2]将电脑设计的形式用树脂实际制作出来。这是使用设计演算法来创造新的形的尝试。有了算法的话，形就可以实现了。也就是说，所谓的形存于算法中。但是实际试着制作的话，能采用

---

[1] 为解决给定问题的一系列程序，将计算机中指示 algorithm 的文件称为程序。
[2] 藤幡正树（1956～）媒体艺术家。东京艺术大学教授。从上世纪 80 年代初期开始，挖掘计算机的可能性，制作了计算机图像和动画。主要著作有《Color as A Concept》（美术出版社，1997），《Art 与 Computer》（庆应义塾大学出版会，1999）等。

的形和不能采用的形到底还是分出来了。所以结果是形的选择。或者说不得不选择。我觉得，如果出来的形不令人满意的话，不管是怎样的设计演算法，都是不行的。因为我是作者，所以必须对结果绝对地负责。不能认为"怎样都可以"。

　　说点题外话，正因为如此，我觉得基本无法合作，尤其是设计的合作。与客户的合作是不同层面的合作，所以可以进行，但设计上的这种合作就不行了。也就是说，即使在相同的设计领域中，我和某人想以相同的规则，用设计演算法来创作，也会因为答案有无限可能而无法解答。

小野田　伊东回应的话是，并不是依赖设计演算法，而是为了确保多样性而使用算法这种工具。在输入范围的各种变化之下，输出会变得多样，任意性也能被超越……

青木　是这样啊。我也认为那种情况是有可能的。但是用设计演算法产生的多样性是参数变化的结果。但是我想，仅仅根据对这种参数的随意改变而产生的各种结果是不够的，还有其他的多样性存在。像是一开始说到的蛋白质。

我认为，不能说是计算机创造了新的设计方法。计算机的程序是在我们的头脑中被创造的，所以所谓的在计算机中可能的程序，应该不会超出我们头脑中的理解水平吧？计算机中的模型，是非常单纯的东西。但现在感觉渐渐不一样了。比如说计算机病毒，是不能控制的东西。就像是"蛋白质"一样。"设计演算"并不等于"参数的变化"，而是存在别的理解方法吧。虽然不知道是什么（笑）。

小野田　病毒的话，大概是加入了时间的参数，渐渐进化的东西。但建筑的难点在于，在创作阶段，不得不决定一个形。如果以不同设计演算法来做的话，青木是怎样来决定形的呢？比如说，在"路易·威登银座并木"中，在对开口部的打开方式作了充分的研究之后，是怎样来判断打开的地方和不打开的地方的呢？

青木　首先考虑这个建筑要被看到的多一点还是少一点，这个建筑的开口部以大方形、中方形和小方形这三种容易区分的尺度呈现，分别设定好数目。配置的考虑只能通过尝试来实现。所以就在 A1 的蓝图上贴上大大小小的方形来试着观察。尝试了均一排列、瓦状排列以及变化角度等各种各样的方法。这样试了几十个。这么做的过程中，会有"到底还是这个好"的情况。那不仅是我觉得好，而且这种要素与"路易·威登店"的感觉也相符合。定下来一个这种图案的分布方法之后，再在建筑全体上将其进行同形反复就可以了。全体的大感觉会根据在什么地方有怎样的开口而改变。做的是这样的研究。

因为是不同的领域，所以能够合作

金田 想再问问关于合作的问题。上次伊东与佐佐木睦朗、塞西尔·巴尔蒙德（Cecil Balmond）[1]、池田昌弘（Masahiro Ikeda）[2]共同做设计。我觉得如果能做出好东西的话，联合设计也可以，这样一种合作是非常积极的。青木是怎么考虑的呢？

青木 与结构工程师的联合是一种合作。这里说的是结构的问题，对方说的是建筑的问题，虽然也常常会有重叠，但最

---

① 塞西尔·巴尔蒙德（1943~）结构工程师，Ove Arup & Partners。与雷姆·库哈斯和丹尼尔·里勃斯金等很多国际建筑师合作过。主要作品有"蛇形画廊"（与伊东丰雄合作，2002）等。著作有《No.9》（高桥启译，飞鸟新社，1999），"informal"（Prestel，2002）。

② 池田昌弘（1964~）结构工程师。曾经就职于木村俊彦结构设计事务所，佐佐木睦朗结构计划研究所，1994年独立。现在主持池田昌弘事务所（Masahiro Ikeda Co, ltd）。主要作品有"Natural shelter"（与远藤政树合作，2000），"屋顶之家"（与手塚建筑研究所合作，2001）等。

初开始的工作领域是不同的，所以可以成立。不过，感觉与塞西尔·巴尔蒙德不能说是合作。我没有跟他一起做过事，但我想，与其说他是结构工程师，不如说是设计师。看他的作品，与其说是力学系统的建立，不如说他创造了某种形的逻辑的感觉更加强烈。我想，形的逻辑的创造是与结构设计有点不同的问题。虽然可能最终是在力学上解决了问题，但在此之前做的是形的创造逻辑，从这一点来说，他是一个设计师。所以大概我与塞西尔·巴尔蒙德是不能合作的。我是很愿意做形的（笑）。所谓的合作，是为了想要寻找与自己不同领域的刺激而展开的，如果与自己的领域重合的话，就没有必要了。

金田 作为这种不同领域的刺激，除了"结构"之外，怎样的人群才能作为建筑设计的合作者呢？

青木 "环境"。照明和空调都是环境工程学的问题。我对"环境"非常感兴趣。因为觉得存在许多可能性。但是很遗憾，我们做的设备，虽然也有只要求这些的情况，但是很难说还有超越温湿度的东西存在。但在做环境的过程中，设备的要素是非常有趣的。如果有这样的人，我想一定要跟他合作。

小野田　青木做设计，并不是"因为自己想做而做"这么单纯的。到底还是要向着某个方向，探索作为设计的新的可能性。那这种可能性是什么呢？伊东想聚焦于"快乐的"价值，这样简单地说这个问题。青木你本人是面向哪里来做设计的呢？

青木　这是个很难的问题。反正不能说是快乐。姑且说是想做美的东西吧。至少在东京做设计的时候，考虑过这个问题。

　　现在东京在逐渐进行再开发。是一种正在变得单调的状况——单纯而拙劣。谁也无法制止这种再开发，所以即使是在这样的情况中，也希望能做不单调的东西。不采用像过去的建筑那样来呈现的做法。不过，与在中国的做法也不同。在中国，单调也好怎么都行，反正做有趣的东西就可以了。因为已经是这样了，所以为了回避它而做东西就没什么意义了。所以，我现在所说的东西，并不是到哪里都通用的逻辑。不过，东京对我来说是作为根据地的场所，所以我想是行得通的。东京最有趣的地方是多样性的存在。所谓的多样性，归根结底是各种各样的价值观共存的状态。但是在东京生活着的人们，价值观是非常不同的。不过要是说到这个城市的环境的时候，感觉就均一化了。我们是城市环境的创造者，所以觉得如果将这种完全不同的价值观的共存作为环境来进行设计的话就很好。

规则是最后才发现的东西

金田 在这里，我们想接受一些来自听众的问题。

听众A 刚才说到了在做装饰的研究时，只能用实物来尝试，这种研究无论要多少次都要持续地做。但在这个情况下，最终还是要做决定的。我想问一下，这样的决定是根据什么原理来做的呢？

青木 我想这应该还是刚才的设计演算法的问题。所谓的设计演算法，在其内部没有"到哪里结束"这样的决定方法。做得好的算法，自由度就高。打个比方，就像是黏土。

用黏土来做形的时候，看上去是有终点的，实际上是没有终点的。另一方面，不自由的算法，比如像是乐高积木（LEGO）那样的东西，是有某种程度的制约，所以形是渐渐产生的。如果用发泡塑料和苯乙烯板的话，即使是中间放在那里，也立刻会有一个形呈现出来。但是电脑就不同了。因为始终是无限持续的，所以能决定在这里停止的，只有人的意志。

因此，要说如何决定的话也挺难，但也只能说是"我想是这个"这么一个意思了。但是我想，这很重要。算法越发达，"何以使这个设计结束呢？"这个部分就变得越重要。

听众 A 这么一来，在画图前，就有被限定于某种意识形态的逻辑存在，比如早期的现代主义建筑，横平竖直地来做立面，您对这些东西是否没有兴趣呢？

青木 我想那也是根据具体情况具体处理的。以前写过一篇叫做"()决定规则，或者它的过度驱使"（《新建筑》1999 年 7 月号）的文章。其中写道："首先有一个规则，不管是意识形态还是什么，想看看对其任意引用的话会怎样。"如果我一开始就制定一个方法，对于这个方法在哪里都适用的问题却不怎么感兴趣。

实际的设计作业的推进方法是，用某种方法尝试后，如果觉得不好的话，就用别的方法再试一次——这样一边积累反馈信息一边进行创作。当然，当最后这个设计被定下来的时候，有一种创作它的过度驱使的规则存在，而这种规则被发现，是在最后的最后了。一开始制定了一个规则，要径直将其实现是很难的。

听众 B　我一直以来都在自学建筑，听了今天的对话，我想到的是，建筑师做的是哪部分的东西？如果将装饰和结构分开的话，结构由结构师来做比较好，而装饰由室内设计师来做的好。于是我就在想，建筑师做哪部分比较好呢？

青木　所谓的"建筑师"，我感觉指的是这种人所具有的状态。那样的话要做的事很多。但这在设计的商品化中，也不是什么有趣的事情了。

　　我一个个地做了一些设计，每次都想找到答案。设计的对象是建筑物的话，就被称为"建筑师"，是家具的话就被称为"家具设计师"，是结构的话自然就被称为"结构设计师"。所以，我觉得所谓"建筑师"的说法没什么意义。往大里说的话，或许可以被称为设计师，但"设计师"的话，不管什么都设计，所以就变得几乎什么都没说一样了。所以是没有办法了，才用了"建筑师"这个名字。就是这么一个意思罢了。因此我觉得，并不存在"建筑师"这样一个职能。

听众 B　我本来以为制定这个系列讲座的计划是因为对建筑存在危机感，但并不是这么一回事。

青木　并没有对于建筑的危机感。但对于现在街道上呈现的环境有危机感，对于现在的设计的状态也有危机感。

金田　下面有请网站记者三浦丈典发言。

三浦 在伊东讲座的最后，五十岚太郎谈到了新艺术运动[①]，今天小野田在一开始谈到了修道院。青木和员工在事务所不断做研究的样子让我想起了威廉·莫里斯（William Morris）[②]和约翰·拉斯金（John Ruskin）[③]不断研究图案的样子。那绝对不是像从福特公司的工厂里生产出来的东西那样，而是像一边自问自答，一边每天清扫庭院中的落叶那样，我想是与现代完全不同的做法。

而这一点不做到那个程度是不行的。不能只是读书，而自以为只看照片和电影就能理解也是不可能的吧。

金田 最后，有请计划的协作者之一的后藤武来做总结发言。

后藤 也不知道算不算总结，建筑师阿道夫·路斯（Adolf Loos）[④]说过，装饰就是罪恶。从那以后，装饰就从现代主义中消失了，在现代建筑史中，可以说是被压抑的状态。正

---

① 19世纪末20世纪初从欧洲开始的新艺术样式，出现了以铁和玻璃为素材，由自由曲线组合而成的有机形态。
② 威廉·莫里斯（1834~1896）英国诗人，画家，工艺家。作为希望回归手工的艺术性的工艺美术运动的主导者而被熟知。
③ 约翰·拉斯金（1819~1900）19世纪代表性的英国美术评论家，社会思想家。为激活19世纪后半期的产业组合活动做出了巨大的努力。主要作品有《建筑七灯》（杉山真纪子译，鹿岛出版会，1997），《威尼斯之石1~3》（福田晴虔译，中央公论美术出版）等。
④ 阿道夫·路斯（1870~1933）奥地利建筑师。主张无装饰的即物的建筑。主要作品有"摩勒住宅"（1910），鲁斯之家（Looshaus，1911）等。他通过著作《装饰就是罪恶——建筑文化论集》（伊藤哲夫译，中央公论美术出版，1987），对现代建筑产生了巨大的影响。

巧我上周去了布拉格，看了路斯设计的穆勒住宅（Müller，1930 年）。进去之后，首先是一个入口门厅，顶棚被涂成蓝色。路斯对此的说明是"这是天空"。从楼梯上去有一个客厅，是一个古罗马式的顶且层层高很高的异质空间，再往上是一个涂成全黄色的显眼的儿童房。继续前进，是一个紫色的不知用来做什么的空间，最上层是一个暗室。这是这么一个有着异常构成的住宅。但是，这些零碎的空间被收纳在这个体量中。路斯说过"建筑是像衣服一样的东西"。另一方面，在结构上满足不了的话，加上支撑的骨架也行——像这样，充满变化，但路斯创造了多种多样的场所同时存在的世界。

　　一般认为，所谓的现代主义就是用建构（tectonic）的要素来创造空间。尽管也会谈体积感（Volume）和尺度（Scale）的问题，但在现代主义中，它们是由建构来实现的。装饰附着其后，那样的话没有装饰也可以，于是装饰就消失了。

　　但是看了青木的作品的话，发现他正相反，用所谓装饰的东西来创造体积感和尺度，悄悄进行着前所未有的工作。在古典主义的装饰层面上看得到的东西是创造尺度的系统，在与之稍微有点不同的形式下，在青木的作品中，首先进行的是用装饰来创造体积感。我觉得那是非常有趣的。

　　关于"拉图莱特"和"企鹅湖"，个人觉得并非是它们的体积感直接在发生作用，而是青木独特的假想或者说幻想的感觉介入构成的，这就是青木特点吧。"本来就是多样的"和"本来就是装饰"是一个假说，那么这能够开辟出什么东西呢？我想，在今天的讲座中已经初现端倪了。

前略，青木淳

三浦丈典

　　简直是像梦一样的夜晚。

　　虽说是像梦一样美，但还有些不同。我想，对于那样的讲演，就通过文字来看梦吧。一个个的片段，在温柔的光线照射下，感觉到了由不熟悉和无条理汇聚成的不安和愉悦。不知这些是否清晰传达出我的感受了呢？对于用思维和语言来理解的人——包括我在内的大部分人来说，它引起了无可厚非的某种困惑。绝对不是不愉快。

　　说一些关于幻想的话吧。

　　我所认为的好的幻想应该能脱离现实的障碍，让自己习惯于一种像是架空的存在状态。成为别人的自己，去向别的世界的自己，去到"那一边"的自己。与其那没有任何巨大冒险的必要，倒不如说，这就是建立在随时能够回来的安心感之上成立的，来去的自由非常重要（这是关键）。不去想意外的失望，而向"那一边"走去，所以不能带着多余的包袱和知识。如果说需要什么样的前提和规则的话，那就已经成为"这一边"了。

　　今晚的青木，在短时间内重复了几次小失踪。住宅、美术馆、商业设施……悄悄联系上这些各自独立的世界，生成它的方法，也就是联结"那一边"和"这一边"的方法，这些都是用通常的理论无法产生的，这其实就像是美蒂奇家族神奇的洗礼，是某种秘密仪式一般的东西。主教创造的"那一边"，虽然大小和形态，重量和光辉，焦点和时间的流动与"这一边"在某些地方是不一样的，但是是相似的，却又总是有一点偏移，是这样一个不可思议的美丽世界。所以在那里发生些许变化也并不奇怪，从"那一边"来看的"这一边"，如果开始对"那一边"产生怀疑的话，就会变得完全无法理解。

主教来去的样子非常快非常轻——恐怕是从以前开始就进行过修炼吧——讲座一开始的时候，虽然试图跟上但还是坚持不了，感到很困惑。但后来我自己渐渐习惯了。要说是为什么的话，大概是因为我自身将要停止对这种机制的探究了吧。相对于会场中想要询问"装饰"和"功能"这样的词语的意义的气氛，青木觉得对这件事本身没什么兴趣。在那里，我突然意识到，谜题就作为谜题放在那里好了。什么都想知道，希望弄明白一切是我的坏习惯。

必须要注意的是，这次展示的作品虽完全呈现零乱的状态，但"那一边"总是可以闪烁地窥见，忽然觉醒之时，发现自己早已经进入那个场所中了，这种感觉是全部共通的。在"动线体"之后，青木不停寻求的"自由"，是为了最大限度顺畅地使用不分彼此的免费通行证，往来于"那一边"和"这一边"的"自由"，这种贯彻到底的姿态不是不值钱的布景，而是为了产生优质的幻想。

现代也好，后现代也好，我都无法准确地说明。但是青木做东西的方法，并不是决定在一个个数量增加却空空如也的场地，也不是沉醉于既没有用也无所谓胜负的语言游戏，而是拼命聚精会神，超级认真地创作艺术品的感觉。但那并不是对传统和格式的传达，而是被一种非常强烈的意志驱使，那就是想要伫立在自己的世界的内表面附近（一般意识不到，但是非常靠近的场所，像是美术馆的墙壁内侧）窥视未曾见过的风景。

他已经用幻灯片介绍过了很多次制作和调整的模型，持续不断做研究的样子。青木一天天将自己的知识清零，越来越诉诸动物的直接的感觉，持续不断地探求像是与次郎偶人的支点那样的极小的着地点。那无论如何都不是能用语言说明的，最重要的是，保持着不从这种工作的积累中寻找某种规范和总结某种方法的状态。虽然明知基于效率的立场，还是有规则与方法会比较好。

从别人那里得到传闻，不如自己思考的一点点东西。认为已经知道了，不如保持感觉不知道的状态。现在有的东西以后不会再有了。我觉得学到了一点，感到很高兴。说是从现代中的小失踪，可能还是有点夸张吧。

不尽欲言。

（由 TN Probe 主页转载）

蜕变的·后现代

胜矢武之

这几年，青木建筑中的主题，从内向外，也就是从"动线体"向"装饰"，简直就像将袜子翻面一样翻里做面了。之前青木使用动线体的说法时，从建筑的内容物开始做建筑，可以说是在做作为现代主义空间构成的变通方法的建筑。但是，在路易·威登店的设计中，这种以对内容物的操作方法就遇上困难了，这使得青木开始致力于建筑的表层和边界的研究。但是，在对表层形象的处理上，存在着面向无尽的引用和解释的语言游戏的后现代主义"先辈"。青木敢于使用"装饰"这个像是弄脏了手一般的说法，以此来探究后现代的变通的可能性。

原本即是现象

在最近的项目中，用研究过的穿孔金属板做的"迷彩图案"，明快地显示了青木的问题意识。这个迷彩的图案虽说还是一般的迷彩图案，但这种图案没有通常意义上的图和底。也就是说，观察这个图案也无法固定成一种图案的认识。因此，这是不带有任何信息传递的纯粹的图像呈现。后现代主义拘泥于图像的信息与意义，相对于这种对于引用和解释的专注，青木从装饰中排除了这种意义性，并将其作为纯粹的现象来处理。当固定地将形象作为一个图案认识时，人的认识就在那里终结了。为了一直保持形象被认识之前的状态，青木将形象的解析度和尺度，而非其内容，作为操作的对象。这种研究只能通过 1：1 的模型，然后观察，再确认。那是因为解析度和尺度都是相对观察者的参数。

应该也有想要追求并不是那么表面化的，而是更接近建筑本质的人吧。但是，如果说建筑本来就是现象的话会怎样呢？花纹和迷彩都是在建筑和人之间发生的现象，不是存在于建筑本身的东西。如果，真是如此的话，乍一看在表层呈现的青木的工作，由于停留在表层，可以说，是对于为在建筑的"内部"追寻本质而变得急躁的现代主义提出了深层的问题。"最深层的东西，存在于表面"是现代法国诗人的话，仔细想想的话，意味深长。

在小屋里涂油漆的是谁？

虽然都显示了对多样性的兴趣，但伊东和青木的立场是非常不同的。青木是开垦后现代的建筑师的一个例子，他接受了罗伯特·文丘里的"鸭子"和"装饰外壳"的理论。青木认为，像是在伊东的"TOD'S 表参道"中所看到的，与其说是设计和结构的一体化，不如说是在做与将装饰绑在结构上，不承认多元性而排他的现代主义的"鸭子"模型同型的东西。然后，青木根据"装饰外壳"的模型，也就是根据装饰从其他领域的分离，认为装饰和建筑的可能性扩展了。但是，另一方面，伊东通过将它们一体化，在建筑的全体中，生产出了新的秩序。与此相对的，青木的建筑是在建立一种只从现象的层面开始遍及建筑全体的秩序，答案还没有出现。

另外，伊东通过将建筑作为事件来捕获，希望能将建筑从作者的自我意识的制约中解放出来。也就是通过设计演算法这样的形的规则的建立，回避直接对形本身的创造和表现，就好比是，只教给它捕食的方法就脱手的"鸭子"，饲养者当然是不会知道它是怎样成长的；另一方面，青木认为，作为作者，总是保持对建筑的控制是必要的观点。那是因为，不管用什么样的算法，最后做出使其停止的决定的，一定是建筑师。也就是说，青木认为，从任其成长的"鸭子"中选择一个的也好，在小屋里涂油漆的也好，最后都是建筑师。一边是遵守建筑的本质，想解放创造建筑的行为的伊东，一边是遵守创造建筑的行为，想将建筑从所谓本质的强迫观念中解放出来的青木。进入第二次演讲，其中的共同点和差异正在显露出来。

（由 TN Probe 主页转载）

演讲者

青木淳（Jun AOKI）

建筑师

　　1956年出生。1980年毕业于东京大学工学部建筑学科。1982年完成同学院的硕士课程。离开矶崎新工作室后，于1991年成立了青木淳建筑事务所。1997年之后的代表作品包括游泳馆（1997）、潟博物馆（水的车站——全景福岛潟）（1997）、御杖小学校（1998）、雪城未来馆（1999）、B（1999）、路易·威登（以下简称L.V.）名古屋店（1999）、L（2000）、L.V.银座松屋店（2000）、i（2001）、L.V.表参道店（2002）、L.V.六本木山店（2003）、L.V.银座並木店（2004）和G（2004）。进行中的项目包括青森县立美术馆、六本木站等。1997年以后的得奖作品包括第13届吉冈奖（S）、JCD设计奖'97奖励奖（游泳馆）、1999年日本建筑学会奖（潟博物馆）、（暂名）青森县立美术馆设计竞赛优胜奖（2000）和第45届BCS奖（路易·威登表参道店）等。

　　　　　　　　　　（主持人，企划合作者，记者的简历参照0卷）

【照片·插图】
周元峰：图 04
五十岚太郎：图 05
德田慎一：图 06
上述之外：青木淳建筑设计事务所

蜕变的现代主义 **3**

藤本壮介

探求新的单纯性，新的多样性

2004 年 4 月 26 日

TN Probe 系列讲座《释放建筑自由的方法——从现代主义到当代主义》

第三回　藤本壮介《探求新的单纯性，新的多样性》

主持人　小野田泰明　金田充弘

翻　译　平　辉

自 1998 年设计北海道医院以来，我开始关注，不以大秩序来建立，而是从局部之间的关系来建立某种建筑的秩序。自那以后，通过各种各样的项目，对部分建筑，或者说是弱建筑等进行不断推进，继而不受拘束地，开始摸索新形式、新空间以及别的新东西。我不太清楚这种积累会指向怎样的方向，只是最近越发体会到思考建筑的快乐了。我想这应该是好的预兆吧。另外，这次所提出的一些概念，我想算是一个对之前的建筑思考作小结的机会。

——藤本壮介

目　录

左图　安中环境艺术公共广场　平面图

介　绍

小野田泰明 + 金田充弘

小野田　这次是系列讲座的第三次了。我认为今天也是系列讲座中非常重要的一次。藤本生于 1971 年，与之前的两位（伊东丰雄、青木淳）所处的年代不同。这当然也使藤本个人关注的兴趣点在本质上与前辈们有所不同，他提出一个不可思议的关键词：弱建筑。

例如，伊东为了实现复杂性而重视演算设计法（algorithm）①，又为了将演算应用自如而与结构师合作。青木为了对体量空间中的质量进行可视化操作，对解像度和尺度（scale）反复确认，将模拟实验进行到底。以上两位的设计都带有高强编辑力的性格。这些都是藤本所处的时代背景，他考虑的是作为"部分"、"相互依存"的弱力量的介入，什么才是通向新方向之路之类的问题。我最近想，如果能涉足这些方向的差异就好了。

这是藤本对自己的作品进行说明时经常使用的一张图，我们姑且称之为"藤本曼陀罗"［图 01］。我们可以看到藤

① 演算设计法是指为解决对所给予问题所进行的一系列程序、步骤。这里指：为了对计算机发出程序指示所作出的编程文件（programme）。

本在图中把自己的作品与过去的建筑混合在一起，当看到他从过去引用过来的作品时，觉得他真可谓毫无操守啊（笑），那是相当杂乱地堆积呈现。很容易辨认出勒·柯布西耶（Le Corbusier）①的萨伏伊别墅，路易斯·康（Louis I. Kahn）②的费舍住宅（FischerHouse）。除了易懂的小图，还有一些要看好一会、思考一下的简图，像帕提农神庙、罗马斗兽场、绳文时代的住宅，这些建筑的多样性到底是从何而来的呢？我希望能接触到藤本创作的设计源头。

　　这是由密斯·凡·德·罗（Mies van der Rohe）③设计的柏林新国立美术馆（New National Gallery）。以前我曾经

---

① 勒·柯布西耶（1887～1965）建筑师，画家。倡导时代的新精神（L'Esprit nouveau），近代建筑界理论和实践两方面的领袖人物，并率领创立和运营 CIAM（近代建筑国际会议），提出国际城市规划方案。代表作有萨伏伊别墅（1931）、朗香教堂（1955）、昌迪加尔州会议厅（1951）等。

② 路易斯·康（1901～1974）建筑师。区别于以往的近代建筑，形成向心构成，空间单位的生成、结合，正方形为基本形构成的致密的平面构成等。代表作有萨克生物研究所（1965）、金贝尔美术馆（1972）、孟加拉国会议事厅（1983）等。

③ 密斯·凡·德·罗（1886～1969）建筑师。1938 年逃亡到美国。提倡通用空间（universal space），运用钢和玻璃构成空间。代表作有巴塞罗那德国馆（1929、1986）、范斯沃斯住宅（1951）、西格拉姆大楼（1958）等。

图 01　影响藤本的建筑以及藤本的个人作品图解化后的图像（"藤本曼陀罗"）

问过藤本："对你影响最大的建筑是什么？"他一边微笑着称赞，一边极力主张地回答："当我来到这里时，便觉得真正想通了。"可是现在设计的作品与新国立美术馆之间到底存在哪些方面的关联性呢？对此，藤本又是如何想的？我觉得这可能是逐渐显现出如今真正的藤本壮介的关键所在。

金田   从"藤本曼陀罗"中，把苏格兰城与"青森县美术馆"的竞赛方案进行比较，会感觉到它们简直是一模一样的吗？［图 02］在这两个方案中，一个是根据藤本喜好而选择的空间，一个则是他本人的作品，两者之间肯定存在着某种本质上的共通之处。

苏格兰城是一个内部被凿空的正方形网格（Cartesian Grid）①，从中产生出大小空间的联系。感觉当中像是一个外部逻辑与内部逻辑互相斗争的场所。而藤本的竞赛方案则将这种斗争状态一笔画就。虽然乍一看是相似的空间，但又确实让人觉得创造出全新的东西。另外，虽然藤本已在各种媒体上对"弱建筑"有所论述，但我还是希望能通过实际案例来请教关于"强"与"弱"的概念。

① 正方形网格（Cartesian grid）一个各轴均成直角相交的正交坐标系网格，并指定点的位置和矢量大小。

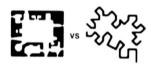

Comlongan Castle   aomori museum 2000
Scotland 12th century   **图 02   苏格兰城与青森县立美术馆竞赛方案**

另外，藤本常使用"部分和部分的秩序"、"弱秩序"、"相互依存性"这些关键词。这只是语言表达上用"弱"这个词而已，但藤本的建筑本身一点也不弱。如果仅从字面上理解的话，那么像中国国家游泳馆通过"肥皂泡"来形成的设计理念也应该是相同的［图03］。在此，我们请藤本对他所使用的设计语言进行说明，并给我们稍微具体地讲一下今后的前进方向，并借此揭示出我们所感受到的藤本建筑的可能性。

图03　中国国家游泳馆／设计：PTW Architects+ 中建国际 +Arup／2003

演 讲

藤本壮介

今天先提出一些关键词。我想，根据这些关键词来看作品能比较好的理解，会有"啊，原来如此！"的感觉。

首先是"从部分而来的建筑"。这是针对如何形成"弱建筑"的思考而提出的：并非从大的秩序中，而是有可能从部分与部分之间的关联性中生成建筑，进而产生新的东西。我想，由此不就能建立起包含了不确定性和杂乱无章的秩序了吗？

接下来是"栖身之所的建筑"。我希望从房间的结束点出发，作进一步的追溯，应该能从栖身之所的缓和气氛中得出对建筑进行再构筑的新的可能性。

然后是"无形之形"。我觉得在我的许多作品中，形是似有似无的。它们给人的印象是：虽然形态不确定，但又存在自身的秩序。这是新形式的可能性。

下面是"分离同时又相关联"。这是我在安中环境艺术论坛上对竞赛作品进行说明时所说的话，就像一种空间根源的可能性。

最后是"不存在布局的新坐标系"。这点在后面会稍加详细说明。

既分散又联系

现在开始按设计的时间顺序对作品进行介绍。这是 20 世纪末设计的精神医院：圣台医院新病栋［图 04］。这是我的第二个实际建成作品，那时刚开始思考如何"从部分生成（建筑）"。普通医院的形式通常是室内走廊两侧房间并列，而精神医院在某些方面更接近住宅。这么说来，住宅是没有内部走廊的，于是我想作出改变，把走廊分散，同时又将其作为房间之间的联系［图 05、图 06］。

产生这方面的思考是由于我当时在读物理化学学家伊利亚·普里戈金（Ilya Prigogine）①的著作《从混沌到有序》②中

---

① 伊利亚·普里戈金（1917～）物理化学学家，1977 年诺贝尔化学奖获得者，耗散结构理论的提倡者。致力于宇宙、生命、社会等不同层次的秩序形成过程的探索，从而提出新的自然观和世界观。
②《从混沌到有序》/ *Order out of Chaos* Ilya Prigogine+Isabella Stengers。伏见康治 + 伏见让 + 松枝秀明译（MISUZU 书房，1987）。
中文版《从混沌到有序：人与自然的新对话》曾庆宏译（上海译文出版社，2005）——译者注

图 04　圣台医院新病栋／1999 年　外观

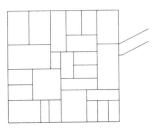

图 05　圣台医院新病栋　图解

受到了影响。书中否定了迄今为止的那种统领整体的大秩序，探讨了小部分与小部分之间的互相关联，从混沌之中产生出的某种秩序。我认为这非常有趣，的确是颠覆了现代的价值观。

另一方面也有纯粹关于医院设计的讨论。在着手进行精神医院设计之前，我已经开始思考"栖身之所"了。刻板的院长所给的意见是：大部分精神医院都有大大的起居室，大家必须聚集在这里。与之相反，小的栖身之所分散成各式各样的场所，大家可以根据自己的喜好选择要待在哪里，这样不好吗？我所说的这些已经和刚刚提到的那本书结为一体了。宽大的内走廊并无秩序，而分散的小房间却能形成彼此联系的骨架。在各个房间的角落，形成了更小的居住场所。这就是我的设计。

在实际建成的房子里，例如，某个房间对面是某个放置着椅子的房间，然后还有更往内部的空间。这些全部是由走廊兼作起居空间的场所形成的。从一个房间走向另一个房间的过程中，能发现各种不同尺度和明亮度的栖身之所。

再举个例子，乔治·欧仁·奥斯曼（Georges Eugene

图06 圣台医院新病栋 模型

Haussmann)① 在巴黎设计了宽阔的大街（Boulervard），然后对街道进行调整，但这是与"从部分生成"相反的做法。没有从整体出发，小街小巷互相连接，某种秩序和惬意便已从中产生，这种从部分与部分的关系中生成设计应该是有可能的吧。这个建筑就是由这种尝试所得出的一种形。

与森林存在方式相同的建筑

接下来讲的是"青森县立美术馆（暂名）"的竞赛方案[图 07、图 08]。当时希望能对刚刚所讲的医院中的尝试稍微再展开一点。

拟建的美术馆基地位于邻近绳文时代遗迹的森林。这里也出现了刚刚所提及的《从混沌到有序》中的状态，森林就构成了有趣的秩序。并没有一个大的逻辑系统来规定森林整体，一棵树立在这儿，旁边又立着另一棵树……这种来自部分的秩序就形成了某种和谐的状态。要在森林中设计建筑，

---

① 乔治·欧仁·奥斯曼（1809～1891）1853～1869 年任塞纳大省省长。授命于拿破仑三世（Napoleon III）对巴黎进行大规模改造。以道路网与地面地下水道改造，以及公园建设为中心进行都市改造计划，形成了今天巴黎的城市。

图 07　青森县立美术馆竞赛方案／
　　　　2000　模型

图 08　青森县立美术馆竞赛
　　　　方案　室内效果

我想，要是能用与森林形成的相同方法来进行设计的话，或许能出现新的形式吧。

具体来说，我首先画了一个方格网，在遇到交点的地方，这些直线便突然互相联结起来，这时便能根据功能任务书及对地形的呼应勾勒出线条。这样，便形成了这些立着的墙壁。虽然方案中不能看见设计时所画的（网格）线条，但又不是完全无秩序的，这就产生了不可思议的东西。

模型上这些发出白光的地方就是墙壁。作为人造物的建筑与森林的外观是完全不同的，这在某种意义上是没有办法的事，但没有关系。所谓"生成方法"，如果说它与秩序的本质相同，那么它就是在进行一种不可思议的调和关系罢了。这样应该能形成自然与人造物之间的某种状态吧。

墙壁曲曲折折地立在森林里。在环绕一周的参观过程中，会不经意地从不同方向见到森林。就像在森林中散步一样，穿过展示空间、艺术家工作室等各种各样的空间。通常我在设计建筑时都会考虑如何能获得不一样的体验，因此得出了这个设计。

这次竞赛的前两轮评比都通过了，结果得到二等奖。如果要加上什么宣传标题的话，我想应该是"弱建筑"。而它的生成方法是通过一开始画出有强力的规定性的轴线来组织建筑的，我想这与"弱建筑"在某种意义上是对立的。此后这些话让我在一个人散步时有挫败感，同时又让我发现其本意所在。"弱建筑"的意义绝不在此啊（笑）！

万里长城是我心目中"弱建筑"的图像之一。在这里，建筑主体形象虽然是令人感动的强势主张，但其实它是就着山势变化蜿蜒向前的，介乎于人造物与自然物之间，仿佛绽放着一种存在于两者之间的美丽。这就是设计中所要有的气质。

像布置庭石一样

这是 M 医院日间治疗楼的设计方案 [图 09]，这是与精神医院同时存在的房子。关于它与青森美术馆之间的联系，则在于对弱化网格的可能性所做的各种探索。新建的房子就像要将医院及周边地区联系起来，形成开放的界面。于是就设计了这个如庭院般的房子。

对我来说，感觉就像在围棋盘上摆放棋子一样。虽然完

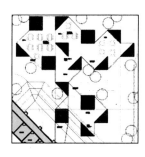

图 09　M 医院日间治疗楼设计
方案 / 2001　平面图

全在网格中进行，但也能产生 45° 角。一块庭石放在这里，"那么下一块就要跟它相适应"，像这样从局部逐渐生成。本设计就是对这种方法进行尝试。举例来说，日本的石庭也是没有整体逻辑的，而是通过庭院中石头与石头间的相互关系形成的。我想围棋也是这么回事，一个人下子后，另一个人会想"嗯，（这样子的话……）"，稍作考虑后再下子。如此一再反复之后，世界便广阔起来。那么我想盖房子也是一样的吧。

因为我非常喜欢路易斯·康，所以觉得自己也颇受他的影响。在路易斯·康的建筑中，可以看到方盒子状的核心筒。但他应该不是按这种随机的方法来放置它们的吧。从平面图上看，尺度感与普通建筑的差异很大，我的理解是由于使用了不同的建造方法。同样在外形上，我考虑的是一种不能分辨出有形或无形的形，希望探索与人造物至今为止存在方式所不同的方法。

各种尺度同时存在

后来，我有机会做"寂静山庄"的设计，在设计日间治疗楼时的尝试在此项目中得以实现［图10］。虽然做法相似，但从中还是有很多新发现。

这个山间小屋有一个中心，有2个人使用的时候，也有50人一起使用的时候。我希望从中产生有趣的使用状态，于是想要设计出不同的距离感共存的空间。

通过散落地放置多个核心筒，既围合出小的场所，同时又形成了宽广的场所，各种尺度和距离感同时存在，这样使空间变得非常丰富。建筑外形则通过对核心筒进行适当的连接而形成，这样就形成了大约是11边形的奇怪形状。不同于将立方体在自然中以对比的方式放置，这个小屋既像岩石，又像人造物，我想，在这两者之间能获得不可思议的存在感。

在喜欢的地方坐下或睡觉

这样，在经过对"从部分生成"的各种摸索后，我希望用这种思考方式来设计住宅。从而产生了 N House 的设计［图11］。

这些隔板状的材料，以 350mm 的高度间距层层垒叠，

图 10　寂静山庄／2002　平面图

以台阶状的方式构成整体。这样一来，两层搁板形成了桌子的高度，而一层搁板则恰好符合坐的高度［图 12］。像这样全部由"一级级"构成，似乎不能分辨哪里才是真正的地板的地方，只是一个将"栖身之所"连接起来的建筑而已。

　　在做这个设计期间，我正好去了一趟仙台媒体中心，觉得很有趣，但还是稍微感到有些不满意。室内虽然形成了平整的地板和管状空间，但所见到最热闹的地方却集中在家具周围。虽说要通过管道体现出活动密度的差异，但在现场的实际感受还是觉得家具更有效。在关于这点的思考过程中，我注意到"地板就是一个放置家具的面"。于是在 N House 中，我希望使家具与地板没有区别。在设计医院时，曾提到走在宽大的走廊中是怎样一种感觉，那么在宽大的地板上也是一样的。这样细分之后，进行再次构成，也许会产生完全不同的丰富性吧……就是这么一种想法。另外，整体又是仅从部分与部分的关系出发而形成的建筑。柱子全部被分割得很细，仅仅作为联结各层楼板的材料，从而在整体上形成有趣的外形，这不就作为一种聚集而成的块状物而存在了吗？我对这种想法进行了反复的研究。

图 11　N House 设计方案 / 2001　模型

图 12　N House 设计方案　模型

我想这个设计具有一些不可思议的新东西。人在不同的场所进行不同的活动时，必然会受到"地形"的阻碍而不能无视它的存在。但每个人又能将它作为"栖身之所"随心所欲地使用，在喜欢的地方坐下或睡觉。应该可以将它比作动物巢穴般的场所吧。

当这个方案在"SD Review"①举办的竞赛评选的时候，我与评委青木淳先生聊天，期间，他指出："要将住宅现实化，就是要在这里将生活中相互纠缠的各种事物呈现，那么，这个住宅模型的美何在呢？"我想"确实如此呀"！一方面是许多东西散布着，同时又要有好的风景，我想，这才是现实中要产生的东西。关键在于，在能看到的美之前，有一种美是组织事物的秩序所产生的，那种秩序本身的美——这就是方案实际上要说明的。因此，事物乱七八糟的呈现方式更帅，的确是一种混乱中的秩序。由此提出了关于住宅的合理方案，我想这就是建筑新的美之所在吧！青木先生听后没有再直接反驳了（笑）。

伊东先生在设计仙台媒体中心时，提出了"21世纪的多米诺"这一概念。我本人也在思考，要做出能替代"多米

① SD Review 是鹿岛出版社主办的关于建筑、室内和室外空间等，以实施为前提的设计作品为对象的竞赛。

诺"的东西需要有哪方面的意识呢？我所设计的这个住宅，
与"多米诺"完全不同，作为以居住为目的的场所，同时又
作为建筑的形式，大概都同样具有一般性吧。我想，或多或
少是有些影响的。

关于 N House 的思考，在一个别墅加建项目 iz house
中得以实现［图 13］。这是一个建在别墅前面约 10 坪
（1 坪 ≈ 3.3m²）的构筑物。正中间有玄关，还有大房间和小
房间。还有室外平台可以走出去。房子规模虽小，却要将不
同的层次组合在了一起。在大房间里，坐着的人和在下面站
着的人，从在上面站着的人看来，高度颇有差异，还有各式
各样的睡眠场所，能作为桌子来使用的地方，像凿开的洞穴
一样来使用。这个项目在建设初期，施工遇到很大的困难，
毫无进展。在结构方面，最初的模型采用的是三角桁架，现
在则希望只用丙烯酸纤维和玻璃来构成。

没有五线谱的乐谱

已经讲了一些"从部分生成建筑"的例子。在这里，我

图 13　iz house / 2002–　模型

想再举一些不同于建筑空间的例子。

首先要请大家看的是巴赫写的一段乐谱。乐谱由纵线划分成小节。关键在于，在以一定节拍均质流逝的时间里，相当于物体的音符得以组织。我觉得这就是现代建筑，这就是密斯！

然而，有没有不是这样组织起来的音乐呢？简单地想一下，我觉得日本的音乐就是这样的。例如，想一下琵琶是怎样一种情形：琵琶在琴弦发出声音时，时间开始流动。在时间流逝的过程中，音符并没有被安排在某个位置上，在发出声音的瞬间，时间开始了，继而又在下一个音符奏响的瞬间，时间便产生了联系……感觉上，时间在不断增加。

现在我们稍微改写一下这个乐谱看看［图 14］。这样，看的方式就发生变化了。乐谱既可以竖着念也可以横着念。虽然这种做法看起来与琵琶完全不同，但会觉得所谓首先有了音符，然后时间才开始流逝，"原来说的是这个意思呀"。在均质的空间里，相对于现代主义将事物进行组织布局的方式，从部分生成的方式则是有一种像是与某部分之间的关系性，继而又与下一种关系性发生联系。

图 14　改写后的巴赫的乐谱

继续扩大想象，我尝试了一下思考"茶道的时间"这个短语。在第一次的讲座中，伊东先生提到"能的身体"这个词，而我希望能与这个概念相抗衡。

其实，大学毕业后，我有一段时间回了父母家，那时常做茶道。一年中，几乎每天都进行，结果想到了"茶道"不就是时间的艺术吗？"茶道"中有许多规定，单看一眼，就像是毫无意义的事情。这些"动作"一直进行下去，一系列的动作中隐藏着某种时间，将它们联系起来，似乎就形成了"茶道的时间"。也许，这种"时间"还稍微残留着室町时代、桃山时代的时间感觉吧。我感到了这种再体验的趣味所在。一个动作与刚刚所见乐谱中的一个音符相对应，从动作到动作的行为连锁中，感到空间、时间波浪起伏般地产生了。

我想这个没有小节线（乐谱术语）的图像对我的建筑观是一个相当明晰的表现。一开始列出的"没有布局的新坐标系"这个关键词，与这产生了联系。

一种椅子产生多样配置

我想这个 HANA Café 咖啡馆项目与刚刚说的音符很相近。

　　这是大约两年前的设计。当时做了个看起来是整体的桌椅设计，我想这样能形成人进行活动的空间。在一把椅子的形态中，包含了普通的椅子、宽一些的椅子和凳子兼桌子三种类型的复杂重叠［图15］。

　　乍一看，这些椅子在咖啡馆里随意散落地摆放着，但是使用时将它滚转到合适的状态，又能见到另一番景象［图16］。我觉得这与普通咖啡馆的桌椅摆放方式截然不同，一个个椅子有其自身的放置逻辑，而且还有多样组合的可能性。我想，空间整体是由一种椅子和围绕它们所发生的人们的活动编织而成的。

　　一把椅子有各种各样的呈现方式，我觉得这一点本身就非常有趣，而在放置它的时候又具有一种潜力，使似乎没有逻辑的多样性成为可能，我想这就是所谓部分的有趣所在。也许将它们等距地摆放看起来已经很漂亮了，但它们又并非全部形状相同，而是有一种在使用时产生独特配置的逻辑。由一种无形的逻辑得出了这些经过精密安排的物体，形成某种景致。自然表面看起来无序，但其实是有秩序的，而且是通过使用的逻辑建立起秩序。这就是趣味性。

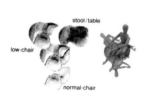

图15　HANA Café 设计方案／2002
**　　　使用方式的变化**

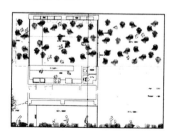

图16　HANA Café 设计方案
**　　　配置图**

不能独立存在的"部分"的联系

伊达的援护寮也许和青森美术馆的设计比较相似。但我在这个设计里已经尝试脱离网格。网格毕竟是一个大秩序，而我希望在没有这种秩序的情况下真正地仅从局部之间的关系出发来进行建筑设计。

先摆出一个 5.4m × 5.4m 的正方形体块，再稍微旋转一定角度摆放下一个体块，产生邻接角度的变化［图17、图18］。可以按照合适的角度进行连接，这里能体验到这种逻辑，不确定性和逻辑共存的形式。这个项目在 2003 年竣工。

这栋建筑是与精神医院相关的康复设施。住院者出院后再在这里住两年，逐渐恢复独立生活的能力。医院并非一个大家庭，而是在拥有自己的家的同时，还产生了一个社会与一条街。最开始看到的圣台医院新楼也是同样的精神医院类建筑，必须常常兼顾居住者的心情舒畅以及都市多样性。从部分生成的设计方法似乎较能敏感地应对这种两面性。

在平面图中，三角形的部分是正方形体量相分离的地方，在这里可以从各种方向看到外面的景色。走在走

图17 伊达的援护寮／2003 平面图

廊中时，风景从右侧大大打开，再往前走几步，景色又变成从左侧打开了：这样就能见到各种风景了。体验到都市多样性的同时，通过走廊将一个个小单元联系起来，也产生了亲密感。从外面看体块之间重重叠叠，屋顶也有微妙的变化。

"部分的建筑"中所说的："部分"绝不是"零部件"。"零部件"是可以被单独取出来的，但若"部分"被单独取出，意义将瞬间全无。例如，刚刚提到的楼板层叠起来的家，如果只抽取其中一段便会发现，这不仅仅是楼板。通过重叠而产生距离，这才突然开始有了意义，秩序也随之发生。也就是说，当进入关系中时，一切才有意义。所以我想这里所说的"部分"与限定"现代"这个"单位"的概念是完全相反的。像援护寮中相邻各栋屋顶之间关系的微妙变化，"部分"并非单位，根据所处位置的不同产生了变形。我想正是因为这种变形，使"部分的建筑"变得更加丰富了。

这个设计呈现出意大利山城的意象，道路弯弯曲曲，建筑沿着道路建起来。不知道是谁设计的，顺应自然形成的街

图 18 伊达的援护寮 模型

区十分有魅力。这个设计不仅仅是单纯的模仿，还意识到这是要基于某种规则所得出的。另外，我认为从部分生成的设计方法成了关键所在。

用套匣形式形成的领域

　　Glass Cloud 也是发表于 "SD Review" 的一个方案，这里再次尝试不同的关系性 [图 19]。这是一个关注究竟如何在都市中居住的都市住宅项目。

　　这是当时画的概念图，图的左侧是私人领域，右侧则表示都市，两者之间的层次变化就像套匣一样 [图 20]。套匣最中间的一层只与直接相邻的外面一层产生局部联系，并不指向全体的关系。像这样在全体的无状态中发生了秩序，这不是一种有趣的形式吗？

　　如果在沿街方向直接用一道墙隔开，那就没有意思了。与街道有点近，或相当近，抑或是非常近等等，但同时还是私人领域，我想这些由各种各样的距离感产生不断变化的场所性格是很有趣的。在套匣的重叠关系中，从最里面令人安心的场所开始，层次徐徐展开，行走中渐渐靠近外

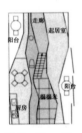

图 19　Glass Cloud 设计方案／
　　　2002　二层平面图

图 20　Glass Cloud 都市和私密的
　　　关系性概念图

面——这就是我对家的构想。我想这也许能成为新的都市居住方案。

使空间膨胀／变形

N House 的加建设计是另外一种尝试，加建一般意味着"叠加"和"覆盖"。而在这个设计中，"加建"并非如此，而是要"膨胀"［图21］。既然要进行加建的话，只要让家膨胀不就好了吗？

那么，为什么要"膨胀"呢？我想，作为一个加建物，要以原来的家庭空间为坐标系的话，不但在外形上发生"膨胀"，而且还会因膨胀的空间本身产生的"变形"产生趣味性。之前所谈到的乐谱，不也是由于乐谱自身的变形而产生了完全不一样的世界吗？就是这样一种意象。

在实际设计中，从现存的普通家庭空间向周围膨胀起来［图22］。由膨胀所得到的空间中加入了浴室、厨房等新要素，将内部原有的墙壁拆掉，形成了新的中间空间。我想这种"膨胀"与后面将要提到的"安中"项目也有关系，我在做这个加建设计时还不能很好地理解"膨胀"的意义，只是

图21　N House 设计方案／2003　膨胀模式图

单纯觉得有趣做了这个设计。

受其他房间影响而变化的房间

下面是一个值得纪念的项目：T House，这是我第一个新建的住宅项目。

这里我考虑的是将使个人的栖身之所和联系的多样性两者共存。在各种各样的研究中，采用了这个放射状的平面［图23］。沿着放射方向往里走，便到了私人领域，相反，若往中心方向走，便与其他房间靠近了，不同的墙壁向中间延伸，感觉对面的房间若隐若现。早上阳光从东边的房间照进来，并能照到对面的房间。这并不是单纯的一个房间而已，家中的风景受到不同房间的影响常常发生变化。不能将它们作为相互分离的房间来看待，它们会发生不可思议的变化。

到底如何用这种放射状的平面来形成一个住宅呢？这是一个很大的挑战，为此，我们用模型做了许多研究。墙壁表面分为可见墙体结构的木材和涂白两种：一片12mm厚的胶合板，一面不涂漆，另一面则涂白。这样，由白色墙面

图22　N House 设计方案　模型

图23　T House / 2004　平面图

围合起来的房间旁边，一定是露出木质墙面的房间。总之就是形成了内侧的房间，隔壁的房间又成了外侧的房间［图 24］。支撑内侧房间的柱子是 45mm × 45mm 的细方柱，薄薄的墙壁如舞台布景一般立着，建筑的形式、结构、工艺和空间体验在现实中得以融合。

我认为，"住"的结果是由"停留"和"移动"组成的。这个住宅中，当人在起居室一端停留时，被墙壁包围着，有一种稳定感，形成了以停留为目的的场所。当从起居室走到卫生间时，要经过各种不同角度的墙壁，此时场景会发生极其活跃的变化。只是日常如此细微的动作，就能使空间变化多样，这样的住宅不是很有趣吗？基于对动静的兴趣，形成了这个设计：产生了作为栖身之所的安稳与行动过程的多样性并存的空间。我想，所得出的结果是相当根源性的住宅设计。

具有多样性的单间

做了一些这种感觉的项目后，来到最后这个方案：安中环境艺术公共集会广场（国际竞赛方案）［图 25］。可以说，

图 24　T House　室内效果

图 25　安中环境艺术公共集会广场竞赛方案 / 2003- 模型

在此之前的项目全部都指向这个非住宅设计，同样也是一个特别的项目。

如果用一句话来说明安中环境艺术广场（以下简称安中）的话，它是一个"建筑般的广场"。不同的人聚集在这里，共同拥有这个场所，而又干着不同的事情，进一步说，相当于可以同居的场所。因此，我想当各种使用方式共存时，应该会产生更有趣的场所吧。

我的方案是一个巨大的单间，呈波浪状，这个建筑既有对面能看到的场所，也有看不见的场所。这样，在其中一端活动时，虽然不能听见对面的声音，但能看见对面的人在做什么，能够与别的活动共存，这就形成了不可思议的建筑。之所以把它叫做"具有多样性的单间"，是因为它由刚刚放射状的住宅发展而来。共同拥有一个空间，同时各种活动并行不悖，我希望能实现这种状态。

设计安中的前一年，碰巧有机会前往柏林，见到了密斯设计的新国立美术馆，颇为震惊。首先，它非常帅。这里我并不是想再一次否定，在这个建筑的主空间中，艺术家可以使用空间整体来布置装置。我去的时候正在展出一位叫珍妮·霍尔泽（Jenny Holzer）的艺术家用电光告示板进行创作的作品，整个顶棚都铺上了电光告示板。我想这是看一栋建筑的最佳状态了。

现在再一次回到乐谱的话题上，请大家看看这个。这是一个五线谱。这是什么都还没写的状态；另一方面，我想如果按照原样，谱成乐曲的话，也许能形成交战状态吧。密斯的设计对我来说有这种感觉。总之，小节线概念的确立与巴赫的时代相适应，我想这也是某些现代意识的一种显著表现。

在这种均质流动中放置些什么，而它的基本支撑在于没写任何东西的五线谱……密斯将它变成了实际存在的空间。归根结底，我所设计的空间实际上也形成了这种状态。另外，"各种各样的都可以做，只要有这个基本的东西"，觉得自己看到了如此有生命力的空间，我在震惊中回来了。后来，围绕与"安中"的方案结合起来，我做了许多方面的考虑。

竞赛中选择这个方案的原广司（Hara Hiroshi）先生[1]，

---

① 原广司（1936~ ）建筑师。代表作有大和国际会馆（Yamato International）（1986）、梅田空中庭园（1993）、联络超高层建筑（1997）等。

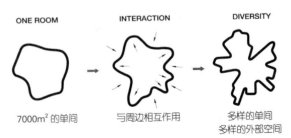

图 26　安中环境艺术公共集会广场竞赛方案　设计过程中变化的单间空间图解

用"离散空间"这个词很好地说明了这个方案。总之,这是一种既分离又联系的状态。这的确是互联网的世界观。实行网状联系的平面方案会产生空间与空间之间的"距离",我总觉得这与互联网的性质很相近。我所提出的"安中"设计方案则与之相对应,共同拥有空间的同时,又伴随着各自分离,我希望能实现这种奇妙的状态。对空间中存在的距离,作出相反的肯定,这样也许能获得互联网式萦绕的特质。总之,通过距离的存在,看见的同时又感到是各自进行的事件,有的则只能听到声音而看不见,有时用墙壁分隔而让人迷失方向,各种各样复杂的关系在这里成立,因此,形成了这样一种关系:在这一侧进行的活动,对面一侧也会受到影响。这种既相互依存又独立的空间,的确能在实现分离的同时又产生联系——我觉得是有这样的可能性的。我想,通过距离来分离,乍一看是对低技的空间特性最大限度的利用,同时又对空间可能性进行了一点小小的扩张〔图 26〕。

　　为了表现安中方案里行为活动的多样性,我画了一幅图〔图 27〕。稳定状态的波浪线代表日常进行的活动。稍微大型一点的活动的波浪与之叠加。然后是偶尔发生的大事件。

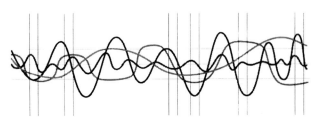

图 27　安中环境艺术公共集会广场竞赛方案　重叠的活动波形

这样，建筑中的状态就是这些波的合成。波的合成方法决定了场所的气氛。这里所采取的是由正在进行的活动相互影响而合成的图像。顺便说一下，将这个图弯曲并回转连接成圆圈后，便形成了安中的平面形态。

我受到密斯的冲击影响，觉得他是一个能够按照某种基本坐标系进行建筑设计的人。我想坐标系是我们日常生活空间的基本概念。因此，虽然能在此基础上随意改动音符，但不能摆脱这个基础。例如，在密斯的平面中就画了方格网。但如果用网格模样的东西来构成安中这个方案，我想就很无趣了。

所以，虽然存在坐标系但坐标系本身却产生形变，形成乱七八糟的样子，但其实这里面存在一种秩序——按照这个思路，我再一次想要用改变的方法来设计建筑。简单来说，坐标系可以说是公认的核心。密斯的建筑由核心的正交得出，安中则不画出这公认的核心。我想，安中里存在一个新的坐标系。

安中外围的墙壁成片状，之前设想从一端开始逐渐形成竖立起来的效果。没有在网格中画画，坐标像是沿着外墙在奔跑……如此，这个建筑就实现了与之前不同的构成方法，在不同的坐标系下产生的建筑中，希望能看见有不同的活动产生。关键在于，在均质空间中，这边的领域与其相对的领域不能互相看见，而面前的这个大空间，大空间里某个空间的坐标系，与对面能看到的空间形成的坐标系不同。我想这样就形成了真正意义上的共有异质空间的建筑。刚刚说的没有五线的乐谱也暗示了新的坐标系。从这点说来，我希望能摸索出一些新的，同时又是根源性的空间。

讨　论

藤本壮介 + 小野田泰明 + 金田充弘

小野田　由于我的专业是建筑与化学，请容许我首先从这点切入讨论。藤本先生从医院设计开始走上设计职业道路。即使说要否定内走廊，但我想一般业主是不会同意的。这种内走廊型的医院建筑类型，从某种意义上来说，是一种现代产物，各种门类的专家以高效分工为原则，分别进行开发研究。因此，即使我们建筑师一方想要做出改变，专家一方也必定会说："这样不成立。"极端来说，对于专家而言，无论是教育还是工具或信息，都是以建筑有内走廊为前提的，将这个巨大系统作为背景而存在。因此不能轻易改变，这样改变的结果只会是令建筑师陷于自我满足中。

　　但藤本先生所设计的医院，乍一看却觉得很巧妙。这是如何做到的呢？请问设计过程轻松顺利吗？另外，完成后的实际效果与你当初的设想一致吗？

藤本　和我预想的一样好。虽然是精神病医院，但远古历史中也有与现在相似的形态，而这也许就是能让我们满意的东西。对现在这个精神病医院来说，形成一种开放的状态，可以说是对全新的医院空间存在方式进行的探索。

小野田　面对像医生这类专家，要说服他们接受建筑师的想法困难吗？援护寮也是至今不曾有过的形态。我想还要考虑业主一方也能接受吧，是怎样解决这些问题的呢？

藤本　如果仅仅是作为建筑方法论的新提案，我想业主大概是不能接受的。而我则是为了实现新的价值观而想要研究新的方法。因此，会希望进一步提出彼此吻合新发现的方案。这样，不论是意料之外的特殊人还是一般人，我们都能和他们交流想法了。

再具体一点说，最近我正在思考"栖身之所"的意义，希望能创造出比路易斯·康的"room"①更加根源性的东西，对"栖身之所"来说，必须具有某种场合下的心情及舒适感。这样的场所，作为一种怎样的新事物被创造出来，是建筑的挑战。如果能出色完成，就不仅仅是建筑方法的创新，

---

① room 与"形式追随功能"相对，路易斯·康认为"形式唤醒功能"，并倡导与关乎根本的人类相对应的空间的重要性，这个空间不叫"room"（房间）。

而且还可以说"这个场所获得了舒适的感觉"。这样业主便会接纳认同了。

小野田 原来如此。我在和伊东丰雄先生一起设计仙台媒体中心时，对建筑设计和家具设计都进行了讨论。要使"栖身之所"变得舒适，不能把所有任务都交给建筑，而应该积极地活用家具，这也是可行的方法吧。

　　另外，对于"栖身之所"的舒适化，空间体验、质感之类都是非常重要的，与其说是形式，还不如说是那种质感形成了的空间。青木淳先生在谈到体量时，也提出了装饰和解像度的关键词。而另一方面，藤本先生的援护寮是极度冷淡无情的吗（笑）？似乎仅仅在胶合板上涂层涂料就形成了空间，也没有看到像他们二位如此详细地布置家具。这里有什么积极的意图吗？

从形式获得性格的空间体验
藤本 我不是要批判仙台媒体中心，我觉得自己也很重视家具和材料，但我现在的兴趣是希望通过像建筑形式一样的事物，来趋向被赋予性格的"场所的质"。我想与其说这还是有可能的，不如说是与新的空间形式发生了关联。总之，我考虑的是建筑的构成、形式与每个栖身之所舒适感也是有关系的。

援护寮是在体量分裂的地方形成了供人聚集的场所，意图并不是要整理出什么比例。偶尔形成一些如空隙般的场所，从与另一个方向上的空隙场所的关系性出发，在这个无情的场所中产生了性格。所有场所本身并无意义，要在与其他场所的关系中才获得意义……另外，如果要在这里放置家具的话，最优解应该是什么也没有。

小野田　这是对谁而言的最优呢？是对藤本先生本人吗（笑）？

藤本　是对住在那里的人（笑）。关键在于，在周密设计出栖身之所后，比起说自己就"开始住在那里"，更像是一半由自己来发现其中气氛的场所。

某种不确定的状态，具有自然的不自由感等等，这些都可以通过建筑来实现，感觉是一种家具没有发挥机会的状态。我想，人看到这样的栖身之所时是最兴奋的。因此，我想楼板重叠的 N House 也一样，如果规定了"这里是干什么的地方"就没意思了。由自己发现"原来这里可以坐"，这样在场所的形成方式上就产生了趣味。

小野田 援护寮的玄关突然变得很窄，难以置信的窄。往里走时，空间序列非常有趣，通过一面墙的分隔形成了狭窄的房间。作为建筑设计的专家，我觉得这有很强的引导性，而作为空间，由于自然形成的小尺度，使整体获得了趣味性。

藤本 嗯，是的。我过了很久之后再去，连自己也感到很吃惊（笑）。相当舒适！

小野田 我现在弄清楚从部分出发进行设计的建筑师的意图了。"玄关这么小也没有问题"，但又证明了这并非刻意。只是要再批判一下，例如，援护寮与外部环境是完全分离的。通常的设计会为喝茶设置一个平台，并考虑内部和外部空间的一体化，但这里却被走廊通道切断了。

藤本　虽然在物理层面上是切断的，但在里面时似乎又能感觉到外部。我想，与外部的联系方式也是多种多样的。

小野田　相对使用来说，感受方式优先。

并非"装置"的"建筑"

金田　这次演讲的题目是《释放建筑自由的方法》，但请问藤本先生，网格会让人感到不自由吗？

藤本　我想这本身并非不自由。虽然确实会有不自由，但感觉到这种不自由的可能性应该在山林里，它本身绝非不自由吧，我是这样觉得的。

金田　让我感到漠然的是，藤本先生的建筑很"装置"。比方说，墙的装置。我看到"青森"和"安中"的模型时，会觉得就这样没有屋顶就可以了。如果不是建筑，大屋顶下的

"装置"不就没有用了吗?

藤本　对我来说,我经常会希望"建筑"存在。总之,我认为是在"建筑存在时"才产生了新事物。

　　对于要考虑"安中"的屋顶要建成什么样子,我个人觉得屋顶是真正建造"建筑"时有趣的事情。

金田　是因为没有屋顶的方式,会让藤本先生的创作更加自由吗?

藤本　不,并非如此。我希望提出作为"建筑"的方案。我希望在形成"建筑"的时候,创造出扩展"建筑"可能性的东西。N House 也同样是存在家具的家,这是装载着一般人的家具,而在"建筑"形成时,我想它的领域又稍微扩展了一点。如果离开了建筑,其他领域就没有意义了。扩展建筑的可能性——这是我想做的事情。因此,"既希望设计出这样的空间,又觉得装置般的生成方法很有趣",我想这对我来说是完全没有意义的。我考虑的是怎么样的空间可以扩展建筑的可能性。结果，至今建成的建筑虽然都不太像建筑，但还是可被接受的。但是，这并非脱离建筑而形成的。

小野田　但这只是建筑师藤本壮介的一家之言，在使用者看来，无论是公园，还是家具或建筑，从空间的某种性质上看，可以说是等价的，对此你又持怎样的态度呢？

藤本　"安中"在建筑形成时，既不是公园也不是建筑，我觉得是出现了某种新的领域。我想这样一来，使用者也会感到有趣吧。

如果要讲一个稍微大一点的话题，就是类似某种新价值观的东西。不是直接的便利与否这个层次的问题，而是惊讶于"对于家来说，这样也是有可能的吗？"或者"与至今看到过的家不一样，但实际上又的确是一个家"。我希望能设计出这样的作品。因此"为了实现我想做的事情"，这种小视点对我来说是不存在的。我想要做的事情，打个比方说，类似爱因斯坦①（Albert Einstein）的理论，希望能发展出某种具有一般性的价值观。因此如果提案脱离了建筑，而仅仅

① 爱因斯坦（1879～1955）德国理论物理学家。相对论、布朗运动等理论的提倡者，是 20 世纪科学家的代表。

是有趣，那么就完全没有意义了。

小野田　虽然没有明确地讲是什么东西，但或许这个公园会发生不同以往的活动事件吧。这是通过建筑化的手段实现的。这的确是一种坚定的信念啊。

藤本　是信念，也是希望（笑）。

时间编排其中

金田　你提出了"茶道的时间"这个概念。对于藤本先生的建筑来说，我想"时间"应该是一个重要的主题吧，希望你能就这一点再说明一下。

藤本　我不清楚直接的关系，但例如在放射状平面的 T House 中，对居住者来说，不仅仅会在这个栖身之所中停留，必定还会发生行动的状态。我的想法是通过再度构筑，从而获得承载这两种状态的空间。我想，这大概就是将"时间"编排其中吧。

　　但时间对我来说并不是一般所说的"时间"，而是近似于一种不一样的空间呈现。不是在时间流逝中物体发生运动这层意义上的时间，而是从扩展的方面、有秩序的方面来看，我认为时间与空间非常相似。可以说是时间的空间吧。

金田　在设计手法上，例如"安中"的方案，从外部和从内部的操作都存在，是一种动态的设计过程。但设计又必须发生在某一个时间点，建筑建成后就不能再自由改动了。如果说"装置"是可变的话，那么"建筑"就没有这种自由。伊东先生、青木先生都有这方面的顾虑，关于这点，你又是怎么看的呢？

藤本　仍然是"希望做出建筑"这句话，我不太想要改动。即使做出可变的形，但实际上在变换时并不太有趣。

　　例如，山、树、河都是不动的。但从我们开始行动的那一刻起，一些机会就不自觉地产生了。建筑物也一样，我希望实现的方法是设置一些微小距离的存在。相对于让运动的物体在某个地方突然停止，我更希望掌管形的逻辑是动态的。

金田 不是舞台"装置",而是"地形"。

藤本 是的。不是"装置",是"地形",很不错(笑)。

尺度变化 手法也变化

金田 尺度问题是怎样解决的呢?"安中"采用了单间的形式,但它的尺度很大。不仅仅是大,我想这出现了完全不同数量级的问题。

藤本 其实这不能用实际感受来理解,关于尺度的处理,会产生不同的空间品质,这样很有趣。

金田 尺度发生变化时,设计手法也发生了变化。

藤本 对于一个模型来说,只是事务所的宽度在发生变化,因为模型的比例也会有变化。另外,还会随着前来帮忙的学生人数、制作手法而变化。模型尺寸突然倍增，所呈现出的世界也会不一样。

小野田　这是随机的外部因素呀（笑）。

藤本　是的，这是依靠外力。这就是弱的本质嘛（笑）。

金田　伊东先生曾说过"非线性事件"。由于周围不同的人，同样只是由自己来做的事情，都会产生完全不同的结果。

藤本　当员工增加时会变得非常刺激。一个员工打趣说："那么，这样做试试看？"当然，我在制作时会加以解释，扩展深化的过程非常快乐。

小野田　伊东先生也曾兴奋地说过"快乐"。但我觉得伊东先生和藤本先生所说的快乐有微妙的差别。当伊东先生被问到"与对于使用者来说的快乐，会有怎样的联系"时，他说："如果设计者不快乐，使用者也不可能快乐。"这是个富有禅意的问答（笑）。

如果考虑使用者，作为这个系列演讲的关键点，伊东先生说的是"能一般的身体"，这是关于在流畅运动中的身体的描述；青木先生则把"使用"理解为细微动作的积聚。后来发现青木先生的"O"影像是用狗的视点拍的，"企鹅湖"是用企鹅的视点来看的，而不是人。考虑到狗和企鹅的活动方式是像小孩子般经常跑来跑去时，行动流线不再是有效的工具。然而，人类属于行动相当缓慢，视觉却异常发达的生物，行动流线必不可少。其中，青木先生以路易·威登的专卖店设计作为契机，把设计转移到"表皮"、"装饰"的主题上来，我想是从这点出发介入设计逻辑，似乎看到了作为感受主体的人类。

而这次藤本先生又是从什么角度看待人类的呢？

藤本 人类……有一次，在大学演讲时，有人提交了一篇题为《藤本的建筑在两个人的时候是有趣的空间》的小论文，我当时想，原来如此呀。关键在于谁在这里，面对多一个人时，最有趣的事情发生了。我想在自己设计的时候，会意识到这边的自己和对面的自己。

　　这似乎是一种相当重要的气氛。总之，不论对人自身的设想还是对其他什么样的人的设想，就是现代主义。

　　我想做的不是去设想这样一个人本身，抑或两个人之类的，而是设想会在这里发生的关系，从而生成建筑。因此不论是谁，是什么都是一样的。这也许会形成一种杂乱无章的状态，但我想，这就是之前说过的想要尝试创造出的其中的美，以及混乱状态中的秩序。我觉得不是让自己去设想人本身、空间本身，而是要去建立其中关系性的秩序。

小野田　不论是"安中"，还是有放射状墙壁的住宅，中心都是虚空的，这真是一个不可思议的无为中心呀！

藤本　是的。这是相当稀薄的中心。

小野田　这是不支配整体的奇怪的中心。从这里沿放射状扩散到周边变得十分重要。从周边回到中心，又走向其他周边。在这个过程中可以看到各种各样的风景。虽然不能清楚地分辨，但仍会感到非常有趣（笑）。

一边发现规则　一边设计

金田　"安中"是至今获得的第一个研究这种规模尺度的机会。有些什么期望吗？

藤本　希望尝试做出实体模型。但似乎挺困难的……

金田　藤本先生曾说过，想创造出与乐谱不同的规则，伊东先生通过计算机程序进行演算从而得出解答，再从许多解中进行选择。而藤本则是讨厌规则的存在，但在完成的作品中似乎又能发现某种规则的存在。

藤本　是的。一开始不清楚规则是什么，不拘泥于仅仅由规则来推动设计。一边探寻规则，一边构思建筑，在这个过程中发现规则，设计又似乎由这个规则在推动，某种信息反馈机制在反复进行着。因此，在完成的时候一切都清楚明白了，这不是最快乐的吗？

小野田　金田先生指的是哪个层次的规则呢？"安中"是由一笔画就的墙体这个方法决定的，没有规则。

金田　我想这个规则就是由一根线形成，但又总觉得似乎没有形成建筑设计的规则。我想在"青森"的竞赛方案中同样存在某种程度的规则，觉得藤本先生是在一开始就定下了决定关键命运的规则，才会得出那么漂亮的形式。但又觉得"安中"似乎有点不一样。还是因为"青森"那时的网格会让人感到不自由呢？

藤本　实际上在设计"青森"时，直到进程过半都还没出现网格，一直到收拾混乱局面，发现网格的那一刻，我自己会兴奋地喊："噢，完成了！"

　　这或许也是大致发现了规则，然后由规则推动，就不用再想接下来要做些什么了。"安中"是看上去没有规则，但实际上又是有的。无论谁都可以画出与"安中"相像的东西，就是因为其中存在着一定规则。在发现规则的时候，真的非常兴奋！我会说："这样做不就是生成新建筑的方法吗？"我自己借用了一下物理终极理论的说法，称之为建筑的"超线性理论"（笑）。有了这个理论，想做什么样的建筑都可以。我觉得它有宣告至今为止的建筑规则全部无效那种扣人心弦的力量，是一种完全否定。我就是想要做出这样的东西。

我不喜欢遵循规则，也不喜欢只是单独地制定出规则，我想我喜欢一边发现，一边形成规则和由规则得出的东西，两个方面同时进行。

小野田　围绕建筑设计方面的核心讨论非常有趣，我想接下来要听听在场听众的提问。

听众 A　想问一个比较生硬的问题，我觉得藤本先生的作品具有高度的抽象性。相比实际建成的项目，设计方案放弃了很多东西而达到一种高度的抽象，这种高度抽象所要追求的是什么呢？为什么要如此抽象呢？

藤本　说起来我是想要看看抽象的人（笑）。有许多方面的理由，其中之一是在大学四年级的暑假海外旅行时，印象最深刻的是勒·柯布西耶的马赛公寓。当时我坐在夜行的列车上，晚上所见与白天明亮的样子很不一样，深受震惊。总之就是非常帅。虽然那是粗糙的混凝土块，但我所看到的是似乎有重量的，用宽度不大的线描绘出完整轮廓的透明几何学物体。我一边想着"这个是柯布西耶吗？"，一边在震惊中回来了。

密斯也一样，设计了各种各样的建筑，但透过这些表象在内部又提出了根本的概念。我想可以说是以此作为坐标，对我来说，成为这样的建筑师是我的愿望。我希望能提出新的坐标形式。虽然这是高度抽象的，但又决非无法实现的。这是我看到密斯和柯布西耶之后所想的。

听众A 您刚刚说"居住是一种动态变化"。但我认为仅仅用动态变化来定义住宅非常困难。因为住宅还有收纳的需要，必须有煮饭的地方，有多种多样的问题，而关于这些问题的回答都有具体的要求。我们所见到的是藤本先生在舍弃这些方面抽象后的形式主义，关于具体的设计方法，您又是怎样考虑的呢？

藤本　关于"居住是一种动态变化"，我只是喜欢这种断言罢了。不必较真，而是要想想看这样说之后会发现什么新的住宅存在方式。另外，我也没有舍弃除此之外的事物。因此，与其说我没有舍弃具体的生活层面，而只想对建筑游戏感兴趣，不如说在形成这个设计时，我考虑的是能实现怎么样的居住方式，并借此机会形成抽象性。刚刚坚持强调的不是"装置"而是"建筑"的说法，也是出于不希望舍弃这方面因素的缘故。

小野田　藤本先生对这方面的事情有美学意识的感悟。回顾一下前几次演讲，伊东先生说，希望对复杂性追求到底。他解开现代性非抽象不可的束缚，要实现超复杂。这点被发挥到极致，便具有了消除意义的意识。我想这是何等的美学意识呀。另一方面，青木先生敢于只用尺度和解像度来说明建筑，呈现刚刚的可能性。

　　相对于以上二位，藤本先生则是通过对建筑成立的尺度进行挪移错动，从而产生完全不同的坐标系。住宅看似介乎家具和建筑之间的尺度，"安中"则是广场与建筑之间的尺度。希望通过这些尺度构筑的开发形成完全不同的建筑。此时，由于作家对操作痕迹残留的意愿，因此敢于形成抽象的表现——这些看法与想象，我在听了刚刚的问答后感到豁然开朗了。

听众 B　藤本先生详细解释了从部分组织生成建筑的做法，与此同时，请问您又是怎样考虑与整体之间的关系的呢？是静静窥探整体受到部分的影响吗？

藤本　部分与部分之间存在某种信息的反馈机制，与整体之间也存在反馈机制，我想这就是近似决定的地方。因此，"安中"在相互推拉的过程中，似乎在力的关系中形成了含有意象的东西，恐怕从这外部和整体也生成了反馈机制。
　　只是外形问题比较困难。我认为当代这个时代是没有外形的形成逻辑的。OMA①做的是近乎勉强的形式，虽然力图要摸索出某种外形逻辑，但似乎目前为止还没有一个比较巧

---

① OMA 由建筑师雷姆·库哈斯（Rem Koolhaas）率领的设计团队，Office for Metropolitan Architecture 的缩写。

妙的……我希望在这方面进行摸索。

小野田   非常感谢。下面有请策划合作者之一，五十岚太郎先生为我们总结发言。

五十岚   上上次（1卷）和上次（2卷）的演讲以"装饰"为主题，我想这次，和或许下次（4卷）则是以"抽象"为主题。关于抽象性，从刚刚的讨论看来，要对各种各样的事物进行约减舍弃，通过还原，从而得出可见的新事物。藤本先生所说的抽象性从不指望整体的意义，而是部分先行。我想，听了今天的演讲要改变一下这个想法了。

所见作品的共同点都是小尺度。举例来说，对35cm厚的隔板进行分割，一堵墙代之以许多片薄的隔板，像舞台幕布般重叠，不是一个大单间，而是许多小空间散落镶嵌于其中。我觉得这种方向性是相同的。

说到和现代的关系，现代的一个重大的先决条件是设计尺度较大的建筑。不论集合住宅还是小学，由于人口的增长都要求大尺度。作为对这种要求的应对，规格化、相同要素的重复是可行的。为了避开"形的生成"这一问题，我想藤本先生是通过减小尺度并同时抽象化，从而保证了多样的状态。

另外，刚刚还谈到了音乐。我以前也一直在思考建筑和音乐的关系，这方面也稍微有点接触，拿巴赫来说，刚好是在巴洛克时期确立了小节线的概念。这是一种对均质的时间进行分割的想法。在此之前的中世纪，方法则是设定时间的基本单位，然后不断增殖形成音乐。所谓单旋律音乐（monophony）组成了复调音乐（polyphony）。多个音同时变化时，因为要让它们正确对齐，所以时间单位变得必要。到巴洛克时期，形成了一个完整的体系。同样，现代建筑的空间为了同时调整各种各样的复杂条件和诸要素，就觉得需要网格或均质空间了。

的确，藤本先生更像是参照了现代主义以前的各种形式。"藤本曼陀罗"中也几乎没有现代主义，而是采纳了许多现代以前的建筑。然而这并不是后现代的符号引用，而是将在相当抽象化时得出的东西作为形式挑选出来。我认为这层意义是非常建筑的。

以前，后藤武先生曾经说过："藤本先生的建筑没有柱子。"他的建筑如砌体结构般，由墙体构成建筑。我觉得指出这点非常有趣。藤本先生的作品几乎都是单层建筑。这不就是硬要避开均质吗？当中能够实现什么，为此做了各种各样的尝试。

"青森县立美术馆"竞赛时，评审的评论中也涉及尺度的问题。如果尺寸再小一点的话就好了。而"安中"对此的其中一个回答是，虽然非常大，但它同时又是分割成适当尺度的集合体。这个历程在今天得到了确认，真的非常有意思。

小野田 对于以上的评论，你要再补充一下吗？

藤本 非常感谢！从抽象性来看，关于"藤本曼陀罗"，我想首先作为一个图解来稍作解释。

我所说的图解，应该是有好坏之分的：坏的图解是将各种各样的事物进行约减舍弃，抽象化后的图解。我觉得这样的图解几乎没有意义，也毫无扩展力；另一方面，好的图解则相反，承载建筑中纠缠繁杂的各种事物现象，像是对浓缩了的形进行抽象化的图解。我自己看到它时，会为自己做出这样的图解感到骄傲。

刚刚说到究竟是"建筑"还是"装置"时，之所以如此坚决强调是建筑，也是出于这方面的考虑。我希望专注于建筑，对各种各样的状况吸收后作出新的提案。

前略，藤本壮介先生（32）

三浦丈典

前略，藤本壮介先生（32岁）

初次给你写信，我是三浦丈典（30岁）。

悄悄告诉你，其实我对这次的演讲最期待。我们两人岁数差不多，但藤本先生已迅速活跃在竞赛的中心了，既耀眼又不可思议，还有一点让人羡慕，那天遇到你的时候，无论如何都希望能与你当面交谈，向你请教。

清澈的语调，和最独特的意气风发，会场一直都弥漫着那么年轻、柔和的空气，主持人也像在关注一个可爱的亲戚的成长，演讲就是在这样的氛围中进行的。我感到自己的体温也微微上升了一点。

但当演讲一开始，藤本先生就像一只登上岩石的瞪羚羊，细而灵活的手足时开时合，从实际建成的作品到设计方案，从密斯到巴赫，轻快地跳来跳去。对主持人的提问，或是对其他人设计的建筑发表感想时，会说这个场所让人感到非常舒服之类的话假装糊涂，所以我没有完全领会，但不知道为什么，我非常享受这种捉迷藏般的游戏。

　　嗯，捉迷藏！藤本先生所设计的空间，只要稍微蹲下来往里看，就会时而隐藏在背后，时而视野又突然打开，各种场所散乱地扑通扑通地跳转着。感觉完全就是在玩捉迷藏或玩着生存者游戏。注视如丝带或迷宫般的平面图时，思考其中的秘诀究竟在哪里，而现在在幻灯中看到正在建设中、只有楼梯的建筑，员工头与头之间只相距 35cm、正在努力地粘着丙烯基塑料板，我从中有了新发现。

　　现代的时间和空间都被切分成相同的大小，因此在失眠时就可以一只、两只、三只……地数绵羊。然而藤本先生却反其道而行，将各种各样的事物像玩配对游戏一样用黏合剂将它们轻轻粘在一起，最后完成这个将整体称之为"一个"的作业。这时，使"比邻"的感觉十分集中，两个房间的前面或对面（总之是现在从这里看不见的场所），产生了作为整体的不可思议的调和，小野田先生命名的"藤本曼陀罗"将古今中西各种各样的建筑图示们，似乎等待着很快又要在什么地方产生关联黏合。藤本先生毫无顾忌地说自己喜欢密斯和康，但自己的行动却完全相反。这个可怕的不良青年——藤本被我看穿了！呵呵！

　　弱建筑、从部分生成的建筑、柔软的建筑……我学到了很多形容方法，但仍然清晰地感到藤本先生的图面和建筑中总有一种若有若无的黏合痕迹。这是在感受到空间流动的同时，一并感受到的时间流逝，仿佛平静的浪涛。为了使单个音符连续起来，从而形成音乐，相邻音符之间的联结意志和记忆是必要的，而在演讲将近结束的时候，我看到了平面图自身如乐谱般奏出了设计的过程。但是乐谱并不事先决定乐器和演奏方法，拜访这个场所的每一个人或坐、或蹲、或踮起脚尖、或奔跑，随意摆着各种行为动作，这种情景就像享受着由自己演奏的乐谱。

　　将巨大的遮阳伞一把一把地立在海岸上，途中停下脚步，思考着下一把要如何立。经过固执地不停反复地观察模型、作出修正，藤本先生的建筑中形成了许多隐藏的场所、等待的场所、休憩的场所。而且在实际建成之后，还要再看着这个巨大的模型作出检讨，"建成后实际是这个样子的……"，一直保持这没有过渡没有负担的快乐前行的姿态。——我要把这个人作为学习的榜样。——多么厉害的一个人啊！

　　想到如此大量而刺激的实验累积从今以后要越发坚持下去时，我自己却高兴不起来。我是三兄妹中的小儿子，由于一直躲在粗暴的哥哥背后，一直都是快乐却又不安地看着他。看到粗暴而细致的不良青年藤本时，不知为什么现在又浮现出这种久违的感觉。

不尽欲言

（由 TN Probe 主页转载）

寻求新的普遍性
胜矢武之

从"历史的终结"开始

藤本壮介出生于 1971 年。这意味着在他开始从事建筑设计时，之前的一个时代已经结束。冷战结束了，泡沫经济结束了，后现代建筑结束了，总之在当今的建筑时代正要开始时，他的建筑生涯开始了。因此藤本没有必要像伊东和青木那样，要把自己和建筑从过去中解放出来。没有现代束缚而自由的藤本究竟是如何理解建筑、时间和空间的，通过这次演讲，这些都变得清晰明白了。

N 的空间

藤本说，希望创造出"既分离又相互联系，近处和远处似乎同时存在的空间"。蜿蜒曲折中刚刚窥见的风景、面向林立的中心的情景……藤本的空间常常充满趋向下一个行为的情境气氛。具有他人情境的同时，又有自己未来的情境。总之藤本的空间，在容纳现在发生的活动同时，好像在不断地扫描接下来要建立的关系，是一种持续的时间剖面。藤本的空间不断堆积着我和他人的关系，现在的我和过去的我以及未来的我之间的关系，这通常不是一个人而是 n 个人的空间。

藤本的思维方式与现代的时间和空间概念完全不同。被称作通用空间（universal space）的现代空间形式是以均质空间为框架支撑的，现代所考虑的空间和时间，是先行于物和事件，先天存在的框架。藤本举了巴赫的乐谱的例子。音乐由五线谱和小节构成的框架事先规定。然而音乐是在从第一个音符开始，不断与下一个音符堆积的关系中产生的。相似的是，藤本的空间时间也没有先天存在的框架，而是考虑物与物之间、事件与事件之间产生的东西。因而把空间和时间从现代的框架中解放出来，在关系中重新理解是藤本建筑的主题。

赋格曲的技法

另外，展开多样形式的藤本建筑同时以关系性作为主题。具有部分与部分之间的相互关系这方面的意义，从而使不确定且杂乱无章的小秩序包含其中，向整体展开。藤本将这种建筑存在方式比作"森林"。一棵树不能成为森林，由于树与树之间存在相互关系而并排列着，才形成作为整体的森林。这与以具有特定功能的部分（零件）作为组织，并形成大秩序的基础的机械般的现代建筑完全不同。

藤本例子中的巴赫是活跃于巴洛克时期的音乐家，这个时期以交响乐作为主要的音乐形式，而他则运用赋格曲的技法。赋格曲是将一个主题——例如，称作 B–A–C–H 的和弦——以各种各样的形式进行展开，从而构成一首乐曲的手法。现代建筑中的各个部分是自律的，如果说这是具有明确分节的交响乐，那么可以说，由部分的联系构成整体的藤本建筑则与赋格曲更相近。

抽象性：骨架美的建筑

另外，藤本的建筑以漂亮的模型和图纸作为建筑形式（diagram）的表现，这是另一个革新性的特征。但这种美是抽象的美，总之是从现实的多样繁杂中提取出来的美。然而，在现实的建筑中，有细节和各部分的材料等等，因而不能只有建筑的形式，还存在各种各样的状态。总之，就算骨架是一个美人，也不能决定肤色或睫毛长短。在此，围绕抽象性的当代建筑出现问题了。但是，对于抽象性这个问题，藤本与伊东或青木都有很大的不同。将建筑面向多样性开放的伊东，认为没有必要考虑建筑形式表现的青木，都已经不再重视抽象性了。与之相反，藤本是无论如何都要在现实建筑中追求抽象性的。这到底是为什么呢？

面向新的普遍性

藤本曾说过，他的个人目标是"不是新的平面模式，而是创造出像棋盘一样的新的空间坐标系"。在大家都专注于个别事物，不谈论普遍事物的当代，藤本无论如何都坚持要追求普遍性。因此，为了使这个普遍事物得以浮现，藤本一直在追求建筑的抽象性。藤本能像他所向往的密斯的柏林新国立美术馆成为世纪的骨架美人一样，将新时代的空间形式创造表现为具体的建筑吗？面向新一轮建筑普遍性的藤本之旅已经启程。

（由 TN Probe 主页转载）

演讲者

藤本壮介（Sosuke FUJIMOTO）

　　建筑师。1971 年出生。1994 年东京大学工学部建筑学科毕业。2000 年设立藤本壮介建筑设计事务所，持续至今。现任东京大学特任副教授、庆应义塾大学、东京理科大学非常勤讲师。主要作品有圣台医院作业疗法栋（1996）、圣台医院新病栋（1999）、寂静山庄（2002）、伊达援护寮（2003）、T House（2005）、House N（2008）、武藏野美术大学图书馆（2010）等。2000 年以后相继获得奖项有：青森县立美术馆设计竞赛优秀奖（2000）、SD Review2000 年展槙奖（M 医院日间护理栋设计）、SD Review2001 年展入选（N House Project）、邑乐町办公楼设计竞赛优秀奖（2002）、SD Review2002 年展 SD 奖（HANA Cafe）、安中环境艺术公共广场国际竞赛最优秀奖（2003）、SD Review2003 年展入选（N House）、2004 年度 JIA 新人奖（伊达援护寮）。

　　　　　　　（主持人、企划合作者、报告人的简历请参考第 0 卷）

　　【照片·插图】
　　曹扬：图 03
　　其他：藤本壮介建筑设计事务所

蜕变的现代主义 **4**

西泽立卫

围绕关系性

2004 年 6 月 29 日

TN Probe 系列讲座《释放建筑自由的方法——从现代主义到当代主义》

第四回　西泽立卫《围绕关系性》

主持人　小野田泰明　金田充弘

翻　译　李一纯

这次，我将"关系性"作为讨论的题目之一。说到"关系性"，可能多少有点陌生，举例来说，就是空间之间的关系，功能与形态之间的关系，或者是建筑与周边环境的关系等等，多种多样，不一而足。但是在一些情况下，通过各个项目我们总会尝试着想要创造出某种新的环境和空间。那么，能够形成这样新的环境和空间的富有魅力和创造性的关系性究竟是怎样的呢？在设计中我一直在思考这件事。这次我展示的项目，有集合住宅、景观设计和美术馆等，无论是规模还是种类都是多种多样的，但通过这些作品，所谓富有创造性的关系性是如何成为可能，我们所期待的新的环境和空间又能得到怎样的有助于发展的关系性呢？在此我想要讨论的就是这样的问题。

——西泽立卫

目　录

左页，江田的集合住宅　平面图

介　绍

小野田泰明 + 金田充弘

金田　西泽先生曾经有过对座椅布置进行研究的作品。我十分喜欢那件作品。本来整齐的网格状布置的座椅，通过移动，使得它们符合使用者的活动，座椅排布形成的图案因而每时每刻都在不断地变化。并非根据整体的规则，而是根据椅子与椅子之间，人与人之间的局部的关系性，不断地改变存在的状态。这可以说是由某种规则中产生出样式的"构造"之一，同时，我想这同样也是"关系性"的问题。在这里，我想请教一下关于"开放的关系性"与"封闭的关系性"的问题。

小野田　就像刚才金田先生说到的座椅布置那样，西泽先生曾经在多处写文章讨论过零散事物的美。其中，多次以比喻的方式提到"像星座一般的关联性"。上次藤本壮介先生曾经说到想要创造出尽管离散但又相互关联的"像森林一般的关联性"。而西泽先生则是说"星座"。在这中间究竟有着怎样的差异呢？通过深入探究其中的意义，我想与之前的三位建筑师的差异也会变得清晰起来吧。

此外，这种座椅的关系性，是与人相关的关系性。这不一定会和建筑师的预想一致，而是难于控制的。最近，西泽先生在这一领域也进行了积极的发言。

这里是"船桥公寓"的图解（图 01）。在迄今为止的单间公寓（one-room mansion）中，核心部分都被抑制到最小限度，但是在这里却扩张并被分割为三个房间。希望通过这点达到活动的转换。另一方面，空间表现中包含着高度的抽象性。一般而言，空间表现的抽象性很高的话，就会有活动很难被固定的倾向，关于这一点，西泽先生是如何控制的呢？我们对此很感兴趣。

这次的讲座，在演讲前，我想问一下您从现代受到了怎样的影响？我听说西泽先生曾特别学习过文丘里①和库哈斯②。

----

① 罗伯特·文丘里 Robert Venturi（1925～）建筑师。曾于小沙里宁（Eero Saarinen）和路易斯·康（Louis I.Kahn）的事务所工作，之后独立。著书与建筑作品对 20 世纪后半叶的建筑界产生很大影响。主要作品有母亲之家（1963）、富兰克林故居（1972）、圣地亚哥现代美术馆（1996）等。
② 雷姆·库哈斯 Rem Koolhaas（1944～）建筑师。1975 年，建立 OMA。康索现代艺术中心（1992）、里尔会议展示中心（1994）、西雅图图书馆（2004）等。著书有《癫狂的纽约》《S，M，L，XL》等。

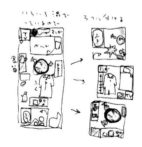

图 01 船桥公寓／2004 图解

比方说文丘里在《建筑的复杂性与矛盾性》①中将高迪②的作品、阿波罗神庙和柯布西耶③等放在一起等价地并置。西泽先生说在其中加以操作改变关系性的正是建筑师。我个人觉得在这个并列性的概念中展现了建筑师西泽立卫对于历史和社会的立场。今天也想对这些内容深入探讨。

金田 我曾经参观过西泽先生设计的"周末住宅"。尽管没有座椅研究中那种动态的关系性，但还是一座作为空间尽管封闭但又与外部有着自由联系的有趣建筑。我还参观过"船桥公寓"。立面开口的布置和三个房间的构成往往引人注目，而邻接的并列空间之间局部的关系性则通过墙壁厚度的微妙差异展现出来。像这样的关系性的状态也是今天我想请教的。

---

① 罗伯特·文丘里著 周卜颐译 中国水利水电出版社 2006。
② 安东尼奥·高迪 Antonio Gaudi（1852～1926）建筑师。破碎花砖的装饰外表与波动的墙面使之成为了有机建筑的代名词般的存在。主要作品有圣家族大教堂（1883～）、古埃尔公园（1914）、米拉公寓（1910）等。
③ 勒·柯布西耶 Le Corbusier（1887～1965）建筑师、画家。高举时代的新精神，引领了现代建筑界的理论与实践。参与了 CIAM 的创立和运营，提出了国际性城市规划。

演　讲
西泽立卫

将建筑分解

我的基本态度是希望通过多种多样的方案创造出像是新的环境和新的空间这样的东西。但也不能因为这样就胡乱地寻求新的环境。对于设计者来说，最重要的是分析环境与空间能够通过怎样的方式成立。因此，我想富于魅力的空间一旦与城市空间和建筑物相遇，首先要考虑试着将它分解。通过分解就能明白这种关系性和魅力、个性是通过何种手法做到的。

问题是即使是将建筑分解，也有很多种分解的方式。例如，金田先生这样的结构设计师与小野田先生这样的规划师在进行分解的时候，会出现完全不同的"部分"与"整体"。可以说，分解是因人而异的。这不仅是单纯的解剖，更是极富创造性的领域。因此，我希望能够通过建筑方案来寻找我自己也没能完全了解的具有独创性的关系性和包含了今后发展可能性的关系性。

发现空间的名称

这应该也与关系性的话题有关，最近我深入考虑了有关"空间的名称"的问题。也可以称之为"环境"，意思是关于空间的某种具有共性的名称。这并非是昵称或是爱称，是能将空间的个性与构造确切而又直接地表达出来的词汇。我想发现这一点对于我的创作是有着非常重要意义的。也就是说，如果这个空间有着其他空间无法取代的特性和个性，那么就应该可以有与之相对应的词汇。事实上，在很多情况下，有了这样的词汇能够使很多方面的理解更进一步，设计也能更深入。

举例而言，在自然科学的世界中，森林、雾、霭等能表示出某种状态的名称有很多，通过这样的词汇表达，尽管各人之间总有着微妙的误差，但还是能够想象出近似的环境状态。但是在建筑的世界里，还没有多少像这样能够确切表示空间存在状态的"空间的名称"。但是，关于空间的创造以及词汇的思考在很大程度上是共通的问题。此外，通过创造出空间的名称，关系性也会变得更明显，它的构造也可能会变得更为清晰。

最近，集合住宅的设计渐渐变得多了起来，常常有必须考虑各个并列空间之间的关系的情况。另一方面，设计公共建筑和城市大规模建筑的机会也在增加，这让我也对城市环境和城市空间产生了兴趣。这些东西互相关联，可能我自己的观点也随之渐渐地形成了吧。

随机性的大量存在

开头要说明的是"金泽 21 世纪美术馆"的外部规划（图 02）。正中圆形的是建筑，周边种植了很多树。在这里本来有个学校。校舍拆除了，但是树还留在原处。树基本都是毕业生赠送的纪念树。这些树都是一代代人累积下来的。我们考虑了要如何处置这些留下的树，最终决定在基地内进行移栽。移栽的方法是随机地排列这些树。但是尽管简单地说成"随机"，事实上里面有很多讲究。比方说在自然的森林中，根据生态法则生长出来的随机。另外还有皇宫前广场的松树，是人工考虑布置出的随机。这两者尽管在随机的意义上是一致的，但是空间的状态、存在方式以及关系性则有着决定性的差异。而在这里，我们让一棵棵的树并不仅仅作

图 02　金泽 21 世纪美术馆
设计：妹岛和世＋西泽立卫／2004
建筑外围设计图

为群体而存在，我们觉得看上去各自独立的状态可能更好。这些树都是作为象征性存在的纪念树，一棵一棵都是有着纪念碑意义的东西。相比于将他们不加区别地处理，不如像佛罗伦萨的学院美术馆的大卫像一样独立放置，我想确保它们从每个角度都能均等地被看到，这是非常重要的。用词语来表达的话，相比"树林"的说法，我倒更希望是像"树的美术馆"的状态。景观设计一般有着以所谓的三角形理论为基础而展开，并以此来创造出"自然感觉"的手法，而我们没有采用这样的方法。我们关注一棵一棵的树所拥有的纪念性，将每一棵都进行单独考虑，树在作为群体的同时更是独立地被布置的。

获得和给予空间

"市川公寓"这个项目是我开始考虑关于集合住宅问题的契机，它是容纳了六户的出租用集合住宅。一般情况下都是一梯三户，二梯三户地排列，并通过半室外走廊连接，也就是通过所谓的木质砂浆公寓的形式实现功能布置。但是这样一来，我认为各个住户之间的关系就会太少，我开始考虑，难道不能够再让它有魅力一点吗？于是我让各个住户并非互相之间毫无关系地存在着，而是互相之间发生着某种关系，在不侵犯各个住宅的私密性的底线之内，产生一种由于共同居住而产生的关系性，我想这样才是理想的状态。

从平面图上看，正方形的体量之中，我想应该能看出花一样的形状（图 03）。这是墙。通过这些墙，建筑整体被三维地分割，创造出六个不同形状的部分。这六户中，有几户是三层楼的住宅，另外也有通高的和一层的住宅。分隔这六户的分隔墙在 Z 轴方向上也有弯曲，因此各户在各层上的面积是不同的。这一眼看上去是非常不寻常的住宅，比如对三层楼的住户而言，一层是浴室，二层是起居室，三层是卧室。在这种情况下，没有必要让各层的面积相同。因此不如二层最大，而一层最小，这样反而更符合功能排布。对于一层楼的住户，尽管有必要让一层面积大一些，但是上方是通高部分，所以没必要很大，因此从下往上是渐渐变小的。反之，边上的一户，由于最上层是起居室，就有必要越向上越大。正如这样互相之间获得和给予空间，从而使得整体成立。各个住户在互相创造了各自形状的同时也借

1层

2层

3层

图 03　市川公寓／2004　平面图

此形成了关系。

网格碰撞产生的形式

在这之后所做的是东京郊外的私营铁路沿线车站边上的"江田集合住宅"项目，这是个超过了 100 户的大规模集合住宅，与其说是设计建筑，倒不如说是给人设计城市或是设计街区的感觉。

在这里，我提出的是一个撑满基地来满足必要容积率的低层建筑方案。采用低层是因为就算通过做成高层来获得采光，但由于有列车通过，住着会很难受。同时，在基地中，已经有与建筑物相匹敌的巨大山丘了。在本来就很大的山上再放置大型建筑物，体量会显得过分，因此选择了低层。

最初是和普通的建筑一样，我用横平竖直的网格来推进方案，但由于基地形状是复杂的多边形，在基地边界附近产生了很多很难使用的形状奇怪的空间。于是，我放弃了这个做法，决定采取重叠数个网格的方法（图 04）。与道路平行的网格，以及与铁路平行的网格，像这样画出角度不同的数

图 04 江田的集合住宅 / 2002 重叠的网格

个网格，将他们用曲线或是 Y 字形的线接合起来，就这样画出了平面图（图 05）。

这样的方法尽管在集合住宅中并不常见，但在街道的设计方法中却能够经常见到（图 06）。比如既有放射状的街道样式，相对的，也有网格状的街道样式，在这些不同的样式碰撞的地方，互相之间进行有机融合，道路就会不间断地连续起来。通过不同的几何学图案的互相碰撞，会产生多种不同形状的土地。在这多样的土地之上，一座座不同形状的住宅建造起来，多样性也就这样产生出来。我想这样的方法应该也是能够在设计大型集合住宅的情况下使用的。

由于建筑物的中央部分下面有停车场，因此，是根据停车场的网格来决定的。靠近道路的一侧主要按照道路，而铁路一侧则是按照与铁路对应的网格来确定。这些网格通过曲线和折线被连接在一起。这样生成的各种形状中的一小间一小间就成为住宅或是内院。

另外一点非常重要的是，由于通风的原因，每个住宅都必须面向两个以上的庭院。

在不同的网格相互碰撞产生的 Y 字中生成的住宅，积极

图 05　江田的集合住宅　平面图

图 06　东京的街道

灵活地利用了 Y 字形的形态特征（图 07）。尽管是单间，但通过空间的 V 字转折，创造了两个有所区别的空间。将不同的图案通过曲线连续起来的地方产生的住宅，整体都是曲线，左边狭窄而仅能放入一个浴室，随着曲线形的墙面越往右就越大（图 08）。内院因为是共有的，因此就有必要避免互相面对的情况。为此尽可能地对中庭的形状进行弯折、凹进，努力不要直接面对对面的住户。

将单间分割为三部分

这是最近完成的名叫"船桥公寓"的租赁用的集合住宅。内有从大约 25m² 到 30m² 的住宅。25m²，也就是所谓的单间公寓的规模。

一般来说，单间公寓的设计都是将浴室和厨房最小化，相对而言，起居室则尽量做得大些。但是以这种方法，25m² 的单间公寓再怎么做，起居室也大不到哪里去。另外，在这样一个不大的房间里既有床，旁边还有橱柜、换洗的衣服和剩饭放着，形形色色的东西都被塞入房间。并且最小化的迷你厨房和一体化浴室最多只能算是设备而已，这样的空

图 07　江田的集合住宅　Y 字形的住户　　图 08　江田的集合住宅　曲线形的住户

间用起来并不舒适，变成了令人不想长时间逗留的地方。因此我想的是，不采用将厨房和浴室缩小的方法，反而将其加大。与之相对的，起居室相对于通常单间公寓而言面积更小。换句话说，我将住宅分为了三个房间（图09）。从某种意义上来说，便有了"三个不同性格的起居室"的感觉。

单间公寓通常会有这样的情况：牙刷、餐具和寝具这些不同种类的东西容易被塞在一间房间里，但有三间房间的时候，这些东西就能分门别类地放到三间房间中。集中放置与厨房相关东西的地方，集中放置与床相关的东西的地方，集中放置与浴室有关的香波和剃须刀，并且，有时候也有能放置植物的地方，就像这样分门别类的确定场所。有些情况下，还是要根据居住者来决定什么东西放在哪间房间，比方说 CD 架是放在厨房、浴室还是卧室？这需要根据这个人的生活方式来定。重要的是，每个房间在某种意义上来说都是起居室，像是有浴缸的起居室或是有餐桌的起居室这样能够停留的空间，我想将它变得留有余地，让居住者能够自由发挥。比方说，放置植物或是放一个漂亮的架子的空间。与往

图09　船桥公寓／2004　平面图

常的一体化浴室相比，浴室变成了大得多也明亮得多的房间（图10、图11）。

　　这次的"三间房间"的做法中的一个问题是"开敞"和"明亮"。因为是将本就狭小的单间更细地划分，因此绝不想让人感到压抑或是让房间太过阴暗。因此尽量抬高了顶棚的高度，尽管平面很小，但还是想要获得开敞感和空间的宽广性。由于构造上有着混凝土墙承重的要求，混凝土墙承重比钢结构承重更容易使室内变得昏暗。因此，我尽量在各处开了比通常大了一圈的开口，目的是不让人意识到墙体的承重结构，并创造出透明而明亮的空间（图12、图13）。

　　尽管不知道与空间的开敞感有多少直接关系，但由于这是有着很多房间的建筑，因此，与其说我尽量考虑整座建筑的气氛而不做得太零碎，倒不如说是给人一种将体量通过墙壁随便地胡乱切割就能作为住宅使用的感觉，我想要创造出的就是这种简单状态。

　　此外，同样也是与墙承重有关的，在狭小的空间中，因为混凝土墙壁的厚度会很显眼，所以在这里，我想积极地利

图10　船桥公寓　厨房

图11　船桥公寓　浴室

图 12 船桥公寓 窗

图 13 船桥公寓 很大的开口

用这个厚度，用墙壁的厚度来置换关系性。比方说与相邻住户之间的墙很厚，但为了拉近电视室和卧室之间的距离，而将这两者的墙壁做薄一些。

其实，这是个在开始就该说的问题，一不小心忘记了。这片区域附近一带是土地区划整理事业带来的土地，在南侧有同样形状的土地，可以预见到，未来在眼前的这片土地上会有同样形式和体量的建筑被建起来。尽管现在南面是大片的空地，但是想必两三年后面对南面的窗会无法使用。因此，往常的通过北侧的共用走廊，将南向的出租公寓平行排列，也就是所谓的口琴形的空间构成，在这个基地内是不能使用的，在这里以楼梯间的形式，达到南北、东西、上方，即在能采光的地方从任何角度都能采光的形式。

连接方形体量

接下来是"新富弘美术馆"的竞赛方案。尽管是落选的方案，但还是想说一下，我希望创造怎样的建筑。

基地周边是森林和山谷。多边形的基地地形非常复杂。最开始是考虑在中央设置方形的建筑，但是这样的话，感觉不符合基地的形状，因此将体量打散，与树混合在一起的同时，纵横倾斜随机地散布。顺着周围倾斜的地形，以一定角度将它打散。但是单单这样作为建筑是无法使用的，因此将零散的各个体量联系了起来。各个体量自身尽管是方形的，但通过变换连接的方法就会带来意想不到的空间展开效果。

看到总平面图和平面图后，不知大家是否发现，广场是沿着地形作出形状的（图 14）。在入口部分，就像是建筑整体凹进去了一样，造成了海湾的形状。人就像是被自然引导，这是因为建筑整体创造出了巨大的体型。体量的集合创造出的整体形状，从外部视角看来是在塑造形体，但是进入内部之后也能感受到这种塑造，也就是说，既能从外部看出也能从内部看出这种塑造，我想要的是这样一种状态。

简单总结一下的话，就是为了实现空间向各个不同方向的扩展，将方形的体块在角上互相连接，使之向不同的方向延伸。通过这样的方法同时还能得到内院。基地周边有着起伏不断的山，我尝试着想要让外观也和山一样凹凹凸凸地连续起来。

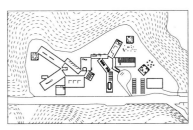

**图 14 新富弘美术馆竞赛方案／
2002 平面图**

像城市一样的"40LDK"住宅

接下来要说的是现在正在中国进行的"天津伴山人家小区"住宅区项目。尽管里面有一些集合住宅,但是基本还是设计一个集中了独户住宅的街道以及住宅区的规划。以山本理显①为中心,几个建筑师共同设计。我负责的是两种集合住宅和四种独户住宅。我设计的独户住宅是单层的以及五层的,这次给大家介绍的是其中单层的户型。

各个住宅都拥有被称为"阈"的开放空间,其中有商店或是 SOHO 这样非住宅的场所。通过这样的场所,让城市与住宅创造出前所未有的开放关系,通过这样的整体概念设计出了总平面和各个住宅(图 15)。

这座住宅要求的总面积是 600m²,非常的大。于是我开始考虑如果要让人能够享受和体验这个非住宅的"大",这样的住宅会是什么样的呢?我所想到的想法有两个:一个是将它建成单层;另一个是设计出有很多房间,也就是有着"40LDK"(40 间房间 + 起居室 + 餐厅 + 厨房)感觉

① 山本理显 Yamamoto Riken(1945~)建筑师,主持山本理显设计工场。主要作品有"熊本县营保田窪第一居住区"(1991)、"公立函馆未来大学"(2000)等。主要著书有《边创造边思考 / 边使用边思考》(TOTO 出版,2003)等。

图 15　天津伴山人家小区 / 2003　模型

的住宅（图 16）。

尽管说是"40LDK"，但并非是指要让 40 个人的家庭一起居住。无论是谁都会有几个像是音乐、电影或是读书这样的兴趣，在日本住宅中，这样的各种活动基本上是在一个房间内实现的。但是现在有了这么多的房间的话，就可以不在一个房间内集中所有的活动。其中可以有桌球房、电影院、桑拿、温室，像这样出现了各种各样的房间后，与其说是住宅，倒更像是创造出城市一样的状态。给人以有多少兴趣和活动，就有多少房间的感觉。尽管最初业主也很喜欢这个想法，但是中途又说"这样的话，太混乱了吧？再整理一下吧！"现在变成只有三十二三间了。

将建筑做成一层的另一个理由，是因为可以不仅仅设计建筑，还能设计城市环境。单层的形式不仅能够得到场所，还对周边没有压迫，另外无论何时都能确保上方有空地。我想这是对于周边环境能够做出长期贡献的形体。所有的外墙都开了洞。在建筑上开出不少大洞，希望创造出能够看到内部广场的开放的住宅（图 17）。这是与"船桥公寓"相近的想法。

图 16 天津伴山人家小区 平面图

与外部的应答性

接下来谈一谈"金泽 21 世纪美术馆"的建筑本身。

由于是从设计一座面对市民开放的美术馆出发的，因此选址是在城区的正中间。因为人们无论从哪个方向都可以接近基地，因此我选择了圆形的平面（图18）。

建筑由两部分组成，分别是收费的美术馆区域和可以免费使用的图书馆及 Workshop 之类部分，它们集中组成了一个综合体。规划阶段，这两者还是两个分开的建筑，但是我们提出要将它们一体化，通过一体化来创造两者的交流。

平面构成是圆形，建筑的外面一圈是免费的交流区域，而圆的中心部分是美术馆区域。作为创造出开放的美术馆的手法之一，我们提出不将展厅紧贴着，而是将它们分散布置。由于展厅的形体是不透明的，连接过于紧密的话，不透明的体量会显得过于巨大，从外部看来，会成为一座无法了解其内部的封闭的建筑，因此我们希望通过将体量分散布置来建立开放性。人们在展厅之间走动的时候，能够瞥见外部

**图 17　天津伴山人家小区
　　　　外观效果**

图 18　金泽 21 世纪美术馆
设计：妹岛和世 + 西泽立卫 / 2004
平面图

的景观，孩子们也能从创作室无意中感受到美术馆里面的感觉，这就是我们想要建立的交流（图19）。

此外这个分散布置还与灵活性有关。美术馆的展会是根据计划不同而有着不同规模的。根据情况不同有可能是500m²，也有可能是2000m²。这个问题在以往的美术馆中是通过活动隔断来解决的。但是由于活动隔断有间隙，因此从现代美术的展示上来说反响并不好，在这里，我们考虑是否能够放弃活动隔断但还是能达到某种灵活性呢？如果将各个展厅分散布置，比方说在小展会的时候只使用两三个房间，其他部分就可以作为免费区域开放了。而在大型展会的时候这些房间全部都会被用作展会用途。根据情况不同，主题性的临时展会时也可以分成两处进行展览。这种时候，两个展厅之间就会成为免费区域，免费区的人们可以沿着圆的直径横穿建筑。我们的想法就是像这样根据展览的大小和性质，美术馆的区域可以相应变化。不论哪间展厅房间，基本都是天窗采光。只要将活动幕布关闭就能成为暗室。

内院基本上都被设置成为交流区域和美术馆区域的边界，通过内院促进两者之间的交流。另一方面，没有采用不

图19 金泽21世纪美术馆 内部

透明的外墙，而是用透明的玻璃，期望能够将内部的活动向城市扩展。玻璃面圆滑弯曲，在作为透明的玻璃的同时，也柔和而连续地映出周围的街景。

温度状态不同的室外空间

接下来是"瓦伦西亚现代艺术博物馆（IVAM）"的加建计划。按照要求，这里要增加展示厅的面积并且创造新的公共空间，地点是在老城区的边缘，同时面对着新城区（图20）。现在的瓦伦西亚现代艺术博物馆仅仅对新城区一侧开放，因此想要令它成为在连接新城区和老城区的同时亦对两边开放的设施。另外，也希望整修屋顶并将其对市民开放。

因为瓦伦西亚现代艺术博物馆也是老城区中为数不多的地标性建筑，因此如何从它入手建立城市空间是一个十分重要的课题。尽管这与美术馆的功能是不同的问题，但是瓦伦西亚现代艺术博物馆并非仅仅是建筑空间，还有城市空间层面的意义。

我们的想法是，以不收费的公共空间包围美术馆（图21、

图20　瓦伦西亚现代艺术博物馆
已有美术馆外观

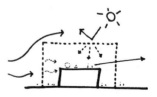

图21　瓦伦西亚现代艺术博物馆加建
设计：妹岛和世＋西泽立卫／2002
"表皮"概念图

图 22）。以被称为"表皮"的大块半透明面板将既有的美术馆包覆起来。"表皮"是打孔的钢制薄型夹层板，因此它的内部成为了可以通风雨的半室外空间。外面尽管是瓦伦西亚的炎热气候，但是"表皮"的内部则凉快一些，我们想造成与外部状态不同的环境。在去瓦伦西亚时，最初的深刻印象是强烈的日照和树荫。我们想要的就是这样像树荫一般的，使人感到舒适的空间。

瓦伦西亚现代艺术博物馆的雕塑收藏特别出名，因此，我们也有做一个室外雕塑广场的想法。与地面上的公共空间不同，同时在屋顶上也设置了公共空间，陈列了雕塑等展品。"表皮"将会远远超过已有的瓦伦西亚现代艺术博物馆的 15m 高度，计划将达到 33m 左右。表皮内部的空间很大，究竟这样巨大的半室外空间将会成为怎样的环境呢？这很难想象，因此我们与环境工程师共同设计，在现场制作模型，研究了表皮内部的样子（图 23）。

以看不见的再开发方式增加 10 万户

奥斯陆的城市规划对象是包括奥斯陆郊外的被称为"大

图 22　瓦伦西亚现代艺术博物馆加建　平面图

图 23 瓦伦西亚现代艺术博物馆加建 制作的原尺寸模型

奥斯陆（Stor Oslo）"的广大区域（图 24）。奥斯陆由于移民而人口增加，因而面临在接下来 10 年之内至少要增加 10 万户住宅的严峻问题。因此我们进行了如何解决这个问题的研究。

面对这样的问题，通常的做法是在郊外开发大片的住宅区。但是如果将 10 万户的规模集中在一点的话，这个地区的环境一定会发生巨变并被严重破坏，所以我们反其道而行之，利用整个大奥斯陆来进行规划。也就是说，我们的目标是通过将对象范围扩大，让增加 10 万户的巨大影响尽量消减于无形。

首先将大奥斯陆根据人口密度的不同，分为都市、工业区、郊外、农村和自然这样五种地区。根据各个区域的人口密度比例分配住居。由于都市部分已经建有很多高层公寓，因此，如果在旁边再建一栋同样规模的建筑的话，就能提供很多住宅了。但是在郊外如果也一样做的话，就会显得过于显眼。因此在郊外就和周围一样建三层或是两层的房子。在农村，由于本来住宅就很少，所以只能建很少的住宅。但是农村也同样要参与这个计划。这次的再开发并非一次显而易

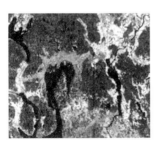

图 24　从上空看 "Stor Oslo"

见的大规模再开发，而是给人不明白如何增加了 10 万户的感觉，尽可能不让人注意到，希望维持现有大奥斯陆的环境现状的再开发。

周边环境散布于室内

"周末住宅"是我独立出来后，第一次一个人完成的建筑，这次小野田先生和金田先生也去现场看了。由于是周边没什么人气的地方，为了安全防范，我提出了"没有窗的住宅"的想法。但我又想，没有窗的建筑尽管从外面看起来会显得很安全，但里面不就成了监狱了吗？尽管从外观上看，是封闭的，但同时又尽可能希望在室内感受不到封闭性。我想出的方法是在建筑内置入三个采光内院（图 25）。尽管没什么窗，但想通过庭院向各个方向的扩展创造出不会让人感到封闭，以及周边的环境散布在室内的感觉。通过仅仅使用玻璃制造中庭的界面、在顶棚张贴塑料，希望创造出前所未有的外与内的关系性。

此外，由于是周末住宅，因此即使不将房间做十分明确的划分，也没什么关系，在连在一起的整体中能创造出有趣

图 25　周末住宅 / 1998　平面图

的空间，同时为了符合人的活动，空间的表达方式也并非不能变化。当时在设计的时候，我想如果这也能通过与外部环境的关系性达成的话，就太有意思了。

拉开空隙布置体量

接下来是一个现在即将开工的项目，这是个名叫"森山邸"的既像集合住宅又像普通住宅的，功能难以定性的建筑（图26）。地点是在大田区，周围很多二层的小巧木结构房屋有秩序地排列着，是很有日式魅力的环境。从周边建筑而言，住宅互相之间留出空隙，这也是那里的魅力所在，或者说是创造独立环境的要素之一。因此，我就考虑是不是能设计出不一样但又与周围的街区构造相连续的方案呢？就构成来说，是业主住户与租赁住户像是拥有各自的独栋住宅一样，独立开并分散在整个基地内的形式。出租房有着专用的院子，通过这个院子来分隔相邻的租户。

说到兼有业主住户和租赁住户的建筑，通常都是一、二层用于出租，而三层则是业主居住的形式，而在和业主的交谈中，我们得知业主是通过贷款来建房子，在还贷的过程

图26　森山邸／2005　平面图

中，每年租赁部分会渐渐减少，相应地，业主的住宅范围也会渐渐变大。感觉上就是由集合住宅开始，最后会变成自有住宅。

这是模型照片（图27）。几栋房子由院子分开。出租住房的其中一户会由业主的朋友居住。在决定各栋的布置时，森山先生的房子与朋友的房子是三层的，此外是中央的通高方形大体量，这三者该如何分开成为了关键。这三个体量之中两个是很高的三层建筑，因此由于它们的位置，两者之间的空间可能会失去活力。因此尽量将这三者分开，希望避免看上去被串成一串的样子。整体来说，是以庭院和建筑实体交互出现的曲折形式为前提的。尽管关系上来说是建筑体量前面有庭院的样子，但在以此为前提的基础上还是稍稍有所打破。

内部也各有不同，比方有四面被庭院包围的厨房和餐厅，在最上层的卧室还能够眺望周围建筑群屋顶的起伏，还有向着道路开放的层高很高的起居室。通过分开建筑体量，结构也会变得各不相同，因此能够这样自由地决定各自的形状。因此创造出了大小不一、充满各种乐趣的居住空间和庭院。

图27　森山邸　模型

讨 论

西泽立卫＋小野田泰明＋金田充弘

金田 您刚才说了关于"空间的名称"的问题。作为这个话题的延伸，我想问两个问题：首先，西泽先生对于自己作品的名字有什么特别的考虑？其次，在项目介绍之中，您多次提到了"墙的结构"这个词，是否不仅是空间，而且在构造系统和其他类似东西上也有这名字呢？

西泽 关于作品的名字，尽管有时也有例外，但我想起的是不过分个性的，而且能够在别的机会或是场合也能重复使用的给人轻松感觉的名字。

　　在设计住宅的时候，必须同时考虑这是给业主 A 的住宅，也是这个基地特有的住宅，从而设计出富于个性的住宅，这样对我们建筑师来说，则必须同时要对超越 A 和基地的住宅形象，以及一般的住宅同时进行考虑。名字也是这样，我认为必须以既是固有的，但同时也有着一般性的感觉来决定。关于构造的名字，则正如您说的一样。

金田 不仅仅是作品的名字，比方说像是"住宅"、"集合住宅"这样的词中，难道没有感到隔阂吗？

西泽 在研究"森山邸"的时候，确实有过这样的感觉。但是，我想所谓"集合住宅"，并非是空间的名字，而是空间的使用方式。有着一种小房间大量密集的空间群的状态。对于这种状态还没有赋予名字。但是至今为止，建筑师们一直将"空间大量密集集中"这种特别的空间存在方式在很多项目中加以利用。比方说，在集合住宅、监狱、卡拉OK厅、宾馆等等场所都有使用。这样想来，所谓的"集合住宅"并非是空间本身的定义，而是空间的使用方式吧。

小野田 要说是什么的话，倒更接近原型，给人类似于空间类型的感觉。例如说到"船桥公寓"的时候，如果要给空间起个名字的话，您会给它起个什么名字呢？

西泽 嗯。可能是"尽管很小但是层高很高，不阴郁而是明亮的空间，密集集中的状态"吧。（笑）这样也还是没有名字啊。我也是空间设计师，所以还是不会单单只思考名字的问题。经常会有没起名字的情况。其实命名并非是我的目标，倒不如说我希望创造出的是需要名称的空间。

小野田 我也和您有同样的感觉。和建筑师共同工作的时候，经常说出"果然名字还是很重要的啊"①的感慨，但这是在团队工作时，要是概念与概念碰撞产生的关键词不事先固定下来的话，就会随着项目的进行渐渐弱化下去。因此事先定下名字严重左右着项目的"强度"。

西泽 确实正是这样。我想这种"固定"也可以换句话说成是构造吧。给出名字的另一点重要性体现在，在给出名字的时候，也会同时产生构造。所谓构造对建筑而言，我认为是至关重要的。建筑物是由梁、楼板、烟雾传感器和窗之类各种东西的集合成立的，因此首先要考虑的是什么对于这座建筑而言是重要的，什么又是不重要的。

小野田 并非一股脑地全部抓过来，而是以"尽管这个很重

---

① 详见《建筑文化协同作用 Project Book》阿部仁史 + 小野田泰明 + 本江正茂 + 堀口彻编著　彰国社 2005 年　第 96 页。

要，但是并不需要"这样的方式进行严加区别的。

西泽 是的。尽管最初是毫无偏见地一股脑全都抓在手里，但是之后就开始舍弃。这个时候，正确地舍弃，我认为还是有必要的，而首先要思考的是究竟什么是重要的。这一路线在不同项目中也是不同的。

小野田 那个时候一定会体现出价值观吧。为了完好地保证这一价值观的基础，这个场所要如何组织才能成立呢？对于这个问题，首先试着将其分解是必不可少的。如此想来，我们也能看出西泽先生在讲座中所说内容的意义了。那么能否再谈一下分析场地的时候，您的着眼点在哪里呢？

西泽 我想没有必然的着眼点吧。但是，看环境的时候我关注的可以说是以原始人、无知的人，或者说是并未专门学过建筑的人的视角来看待基地。

比方说，相较于在这个城市里居住的人们，第一次来到这里的人有时候更能新鲜地理解这座城市。有时候，他们能一下子抓住这座城市的表象。如果和外国人一起逛一个街区，他们有时候会对一些我们已经习以为常，毫不在意的东西忽然兴奋起来。我们对于东京，对于建筑，都过于熟悉，因此会看不到很多方面。要通过非日常的视角来看待环境——也就是说，要是不能通过新鲜的视角来看待的话，就会产生很多不利。

小野田　您是最近才发生这样的转变的吗？

西泽　不，从最初开始，就是这样的。自从读了文丘里的书之后就变成这样了。我从他的书里得知，街道和建筑原来要这样来看待的。

小野田　原来如此。

将划分作为思考的手段

西泽　这与刚才构造的话题也有关系，所谓名字是十分表面的东西。是人类最早发现的领域。这既是表面的又是最前端的，因此就像人脸一样，可以说其中描绘有某种整体的关系性。

小野田　您是以"能够找到名字就能成功"这样的感觉来处理设计问题的吗？

西泽　并非如此。"金泽 21 世纪美术馆"中，在设计建筑外围的时候，某个时期开始考虑"树的美术馆"的概念。这样一来，自己想要做什么就变得明确了。通过语言的世界，也就是非形体的世界进行置换，有时会一下子产生理解。因此，我就明白了其实我并非仅仅是要将树林再现。

小野田　通过起名，就能够使用语言所具有的网络了。在赋予其"美术馆"这一名字的瞬间，应该留下的东西是什么呢？这个问题借助这个比喻就能进行价值判断了。

西泽　是啊。这样的话接下来状况和方向性也就能确定了。这和确定构造十分接近。

小野田 名字的话题也是这样，如果这样来看西泽先生的作品的话，能够感受到故意分开之后又将它们排列的感觉。因为集合住宅是必然被分节的，所以这样的例子很多，但即使排除这一点，也能看出通过墙壁围合使之独立并排列从而产生关系性的倾向。

西泽 是吗？尽管我也感到这确实是个个例……确实，在"船桥公寓"中，由于没有选择外形，最终都汇集到类似于如何分割内部这样的问题上去了。无论什么时候，分隔都绝对不会成为问题所在吧。

小野田 "金泽21世纪美术馆"也进行了划分，最后介绍的"森山邸"，最初也是从将并列状况进行划分开始的。我总觉得对于西泽先生而言，"划分"中包含了您"建筑设计"最初的手法呢。

西泽 但是瓦伦西亚现代艺术博物馆的情况是不同的。在做集合住宅等建筑的时候，无论如何，房间数都会变成问题所在。

小野田　"新富弘美术馆"的时候又是如何呢？

西泽　那也是与功能要求的房间数相同的。给人的感觉是通过利用这些房间，从内与外两侧出发，使得形体成立。

小野田　今天您介绍的作品有着内外两方面的性质，作为设计的手法，首先是进行切分，制造出分散的状态，并且还有将它们再次回收的阶段。我认为这个问题必须由西泽先生来解答，就是您是根据什么为依据来进行分割的呢？

西泽　很难说什么根据呢。我想分割本身并非是目的。从某种程度上来说，是"思考时的手段"。比方说，将住宅分为五间有其有趣之处，同样的，将住宅分为 50 间也会有不同的有趣之处，我考虑的是，为什么会有这种趣味出现呢？这并不是为了思考采用哪个想法而进行比较，说到底，也只是为了理解这个项目自身的构成而尝试的思考。如果即使是分割开了，但是想法并不有趣的话，我还是会放弃的。

小野田　因为必须在某处进行分割，所以平日里，无意识之中会将"分割"行为主动地表面化，并拓展为形式构筑的理论。是不是接近这样的感觉？

西泽　对我而言，无论如何，会看一次建筑的内容，考虑它的关系。

　　比方说"Dior 表参道"，它的内部不是我们做的，最终的目的是创造一个物品，而内部的分割就没那么重要了。但是，应该从某种程度上来说，还是得站到建筑内部，抓住自身空间的关联性，再创造内部体量感。

金田　也就是说，你并不是按照房间分割或是按照要求的各个房间的面积分割，而是为了分析而分解。会不会有分割的时候让你在意的东西呢？

西泽　我倒是觉得没什么特别的。分割有时候与有趣的建筑相关联，有时候则毫无关系。根据项目不同，建筑有时候让人感觉到根本没法根据功能进行划分，这也是自然的事情。这些都是因情况而定的。

建筑很大部分是因城市的要素而成立的

小野田　我并非是专门研究结构的，因此不太明白结构的做法没有什么特别的吗？就像是在"周末住宅"中，柱子十分不可思议，"船桥公寓"中尽管是墙承重，但却给人异样的感觉。这在结构设计师看来如何呢？

金田　尽管很难表现，"周末住宅"的柱子符合网格但没有结构性的表现。若是施工中那种没有架设顶棚的状态的话，就会很有结构表现力，但是完成后进入里面看的话，接头都被干净地隐藏了，构造的感觉没有了。原因是阿兰先生①的收口方法构造以及西泽先生的细部等很多原因吧。

西泽　您说的没错。我为了消除被墙封闭的感觉，而更青睐水平方向延展的空间。如果说这时最好没有柱子，可能说的

---

① 阿兰·R·伯顿 Alan R. Burden（1960～）结构工程师。出生于英国。关东学院大学工学部教授。主要作品有"Orange Flat"（与长谷川逸子合作，2000）、"保土谷的住宅2"（与佐藤光彦合作，2001）等。

有点过分，但还是希望不要有过多干扰。因此选择了柱与墙采用同一颜色的做法。如果是想要普通地进行结构表现的话，可能就不会这样将墙和柱混在一起了。我想就会采用让柱子更显眼一点，将网格更强烈地表现出来的方法。但是相比而言，我更希望环境与室内能够产生相互关系。

小野田　希望没有柱子这点，是很好理解的，但是我想就算是一件物品，是不是还是有柱子更好一些呢？

西泽　为什么呢？

小野田　为什么呢（笑）？反过来说的话，要是说那根柱子"改用不一样的尺寸"会如何呢？

西泽　尽管可能细一点的话也是可以的，但是我想就这样也没关系吧。在阿兰先生的设计中，柱子是纯粹的木材。但是建筑公司认为在建造的时候，柱子会承受很大的荷载，细柱子实在令人担心，所以提出使用合成材料的建议。阿兰先生说合成材料"有着超出设计要求的强度所以没问题"。但是我并不想采用合成材料。我希望柱子能够安静地存在着，而合成材料显得过于具体和人工，这让我有些介意。因此建设方尝试着使用了以木材饰面包覆的合成材料的做法。

　　刚才小野田先生说还是有柱子比较好，我对此也有同感。因为有柱子，所以才会产生只有木结构才有的柔软感觉。如果用了钢柱子的话，就会有很大的干扰。这其中有着很大的区别。

金田　"周末住宅"的柱子，消解了合成材料的接合面。这很容易理解。另外在"船桥公寓"的立面，也使用了没有接缝的特殊处理方式。这是否因为不想像清水混凝土一样，以模板的接缝来创造尺度感，而想进行更抽象的表现才这样做的呢？

西泽　其实是想做成清水混凝土的。但是，因为现场的情况不得不放弃了这个念头。但是尽管这么说，还是讨厌进行油漆粉刷。希望能从自然的材料中进行选择。于是选择了水泥砂浆。

金田　清水混凝土上面的小孔是构造留下的痕迹。这正如合成材料的接合面一样，因此容易产生是否故意将其消除的疑问，您注意到这点了吗？

西泽　尽管最初是想将这些痕迹全部显露出来的，但在决定使用水泥砂浆做面层之后，就开始考虑怎样将痕迹消除干净了。

　　现在的单间公寓一般来说我觉得都过于拘泥于功能，或者说是纠结于细小的方面，在"船桥公寓"中，我并没有选择这个方向，而是想做出一种更为粗率、随便、大气的感觉。刚开始的时候，相比于将它完全抹平，更想让它保持混凝土原有的样子，进行大胆地划分。从这个角度说来，我其实原本是想保留痕迹的。但是当开始决定使用水泥砂浆之后，果然还是消除掉接缝和小孔显得更干净一些。

小野田　刚才您说到了素材感的话题，确实去了"周末住宅"之后，顶棚上张贴着塑胶材料，让人觉得材料的用法十分高明。另一方面，从中也会有相当抽象的表现显露出来。比如"镰仓的住宅"，尽管您说的是"巨大的仓库"，但是根据项目，您是如何确定空间的感受和材料的处理的呢？

西泽　其实并不会由于项目不同就发生巨大变化。

小野田　一般说到西泽立卫的话，都认为是个致力于拥有高度抽象性的空间的建筑师。我们以前也是这样想的，但去过"周末住宅"之后，却有了完全不同的感受。

西泽　无论是"周末住宅"、"镰仓的住宅"，还是"船桥公寓"，在尽量以简单的感觉来归纳整理这方面来说，都是带着同样的目的来进行的。

小野田　西泽先生的空间所拥有的抽象性，与其说是为了明确地切取其中充斥的"空间"而做出的表现，感觉更有刚才说到的那种意思。比方说在"镰仓的住宅"中,把建筑作为将进入其中的活动象征化了的东西(仓库),并使用了抽象的表现。

西泽 基本上,我对于材料还是有点保守的。不会一下子就采用以前没有使用过的材料。但这不是对于各种各样的材料的否定。尽管希望能有一天更多地使用其他的材料,但是现在强烈地觉得,还不想把成败押在个人口味上。刚才说的,与其说是表面装饰,不如更想直接地表现像空间关系这样的东西。"船桥公寓"就是个切身的例子,厨房和卧室之间的墙又轻又薄,是一种一步就能跨过的关系。但是浴室的墙就厚得多,所以在进入浴室的时候,在踏上门槛之后,第二步才会走到浴室的地上。究竟是选择跨过还是先踩上去再下来,就是这样一步的差别。这种区别很微妙,但是从关系性的角度来说,则有着决定性的不同。三间房间的想法也是这样,三间房间与一间房间的不同,会通过很多形式在空间中表现出来。这并非是最后的装修,而是更为根本的问题。我喜欢这样的构造层面和关系性。

小野田　比方说青木先生，尽管关键的概念从"动线体"变成了"装饰"，但使之与活动联动的同时进行建筑设计的感觉，我觉得是始终保持的（参考第 2 卷）。给我留下印象的是，他说通过路易·威登的项目，认识到与其对房间的体量进行微妙的改变，改变面的装修更能压倒性地改变人的感知。他认为我们必须认识到这样的现实，从中心的方向扩展开去。关于这些，西泽先生是怎么想的呢？

西泽　我也不知道，究竟是后期装修还是形式本身的影响比较大，但我认为正如你所说的，后期的装修的确是很重要的。装修能够让整个空间的氛围完全改变。而青木先生倒不如说是在对我们进行了一些挑战和尖锐的发言呢。

　　所谓的建筑，往往在粗略确定框架的时候能够爆发出力量。比如像是"大约 20m 的体量中的五层楼建筑"这样决定大框架的时候。室内设计则是更为精细地考虑各个房间内部。因此建筑可以说无论好坏，相比室内设计，首要的还是大框架这样粗略而概括的方面。

　　此外，我喜欢建筑的理由之一是，我认为建筑很大程度上是城市的要素。当然所谓的城市，并非仅仅是指东京，而是就更宽泛的意义上而言的，是公共的，各种人不断在加入或退场的开放的领域。建筑，相比它的室内，是更切实地与城市直接联系在一起的。比如说到"高 20m 的建筑"的时候，这在作为一个建筑设计的问题的同时，也是城市的问题。要开多大的窗也是城市的问题。对建筑来说，有着直接与城市联系的魅力，因此，我尽管当然也会从室内的角度来考虑，但更想从城市角度来思考建筑。

创造建筑就是创造可能性

金田　回到"船桥公寓"的话题，其实有些地方建筑师是没办法事先进行设计的。有件事给我留下了很深的印象，就是西泽先生在外面看到之后说了一句"窗帘很不错嘛"（笑）。

西泽　那个窗帘确实不错呢。各个住户在窗前挂的窗帘是不同的。此外，有的一个人的住户在三个窗口使用了不同的窗帘。但是这却又非常的漂亮。

小野田　刚才您说这非常漂亮，但是从一般的眼光来看，各个住户随意地买来窗帘挂上，就算是恭维也难说好看吧。

西泽　我想并不是这样。

小野田　我来说一句。因为作为建筑师，西泽先生也曾有过不允许这样事情发生的想法。在"周末住宅"中，您不也是牢牢把握，很大程度上控制了内部的设计吗?

西泽　"周末住宅"中，上次隔了很久去的那次也是，可能是因为不是每天都用的建筑吧，并没有那么多家具，给人的感觉是"还是保持原来的样子使用着呢"。

小野田　但是"船桥公寓"之中，感受到了活动的趣味性。这点挺让人意外的。

西泽　三个房间的想法，我想是只有在实际使用中才会开始实现的一个概念。所谓三个房间，总而言之，我的想法是，由于浴室异常地大，对内部感兴趣的人，就会试着将椅子和植物放进去，开始属于自己个人的使用方法。因为卧室很小，放进卧室的东西就会很有限，这样就会变成各种不同的室内了。三间房间的想法本身，是一个很期待使用者的活动的想法。

　　我说那个窗帘很好，是因为日本的窗帘都是很普通的，窗帘本身担负着很强的告诉别人"不要看"的义务。但是"船桥公寓"的窗帘有着花纹和色彩，窗帘的样子似乎在说"来看啊"的样子（笑）。相比以隐藏为目的的窗帘的消极面，倒是这种积极的态度更好一些。而且这与单纯的无秩序是有所不同的。当然我也有着正是因为我在墙上开了大小超出标准的窗才会这样的自负。但是看到了令人喜爱的窗帘挂着，心里就会想"就该是这样啊"。

小野田　我的感受完全跟您一样。那里的窗子是无法使用既有的成品窗帘。因此只有自己想办法了。这种痕迹完全地表现出来了。看到那样的情形，就会有种买成品真是损害了街道的感觉。

西泽　是啊。确实有这种感觉。

小野田　那里的居住者并非直接去百货公司购买成品，而是显然在考虑"要是这样的话会怎么样"。这种痕迹被完整地留了下来。这样的话，看待的方式也就有了明显的不同。西泽的建筑就是在这样推动着居住者。

西泽　的确在没有成品的时候，使用者就不得不进行考虑了。建筑也是如此，无论是大窗还是三间房间，总会在某个位置空间会开始变成居住者的创作领域。这样的话，会让人想要去看看建筑在使用之中的风景，它到底是怎样偏离了设计的本意。

金田　是不是会期待它向着好的方向偏离呢？

西泽　的确如此。当然还是希望空间能够被充满魅力地使用，如果真的实现了这样的空间的话，就一定想要看一看。说不定会成为在其他项目中可以使用的空间。

小野田　曾写了《空间的生产》①这本书的哲学家亨利·勒菲弗②曾多次提及抽象空间。按照他的说法，抽象空间是使得物品或是记号的总和的形式之间的各种关系显露出来的空间性，所谓的让空间显露，指的是非常熟悉的，基于物品的交换而建立社会的资本主义，因此会发生压迫。

我在听今天的演讲之前，对西泽先生是抱有这样偏"抽象空间"的印象的。但今天听了之后发现并非如此，居住者不同的使用方式也是被允许的，在设计之中，也可以看出你考虑了居住者可以按照自己的方式在里面居住。这点十分有意思。

西泽　与其说是允许，倒不如说是期待的感觉更接近一些。期待的话，当然也会有觉得讨厌那种使用方法的时候。在集合住宅中，居住者更多的是通过居住而验证了这个空间的魅力。一竣工之后，就自己拍了室内的照片，偶尔会有点疑问的是：尽管说是三间房间，但是如果没有家具和衣服之类的话就会觉得"只不过是什么都没有的三间房间罢了"。但是，如果是处于居住的状态的话，就会格外有拍摄价值了。因

---

① 《空间的生产》亨利·勒菲弗 著 斋藤日出治 译 青木书店 2000 年。
② 亨利·勒菲弗 Henri Lefebvre（1901～1991）法国马克思主义哲学家。讨论空间的政治性，影响了 1968 年的五月革命。主要著作有《哲学的危机——总和的剩余》（森本一夫 译 现代思潮新社 1970）《马克思主义 改译》（竹内良知 译 白水社 1968）等。

为，所谓三间房间的概念，就是在空间充满生机的时候才会被实现。

希望主题也能传达给语言不通的人

小野田　今天，上次的演讲者藤本壮介先生也来到了会场。正如在介绍中也提到过的，藤本先生的"关系性"与西泽先生的"关系性"的建立方法是相当不同的，希望您能谈谈关于这一点的感想。

藤本　我们其实有很多同感的地方。因此，事实上想法上并没有那么大的差异。但是表达上有很大的不同，因此很有兴趣地听了下来。

刚才提到过青木先生的话，说是通过对于室内的操作就能够改变房间，但也许我也是不会采用这样的方法的，而是通过房间与房间之间的关系来做些什么。要是操作室内的话，最终产生的就是我自己想要做的空间。然而如果只是处理房间与房间之间的关系的话，产生的空间，或者说是在其中进行的人的活动，从某种角度来说，就超出了我们操作的范围。反而能够自由地使用了。并且给予了一个更大的界限。总而言之，西泽先生并不是给出了自己想要创造的空间，而是尽管能够自由地使用，但还是想要做出在其更外围将其包覆起来的东西。

西泽　这会根据项目不同而不同，比方说之前完成的"直岛地中美术馆办公室"（Benesse Art Site Naoshima）。其中，家具和植物全部加以考虑，对我来说，这可以说是最好的设计了。但是设计集合住宅的时候，就有些不同了。

　　设计建筑的时候，最重要的要素之一就是将"可能性"在现实中实现。尽管是在设计建筑，但是给人更多的是"在创造可能性"的感觉。也许是因为同时会有只能建一栋房子和想要超越这一栋房子这样两方面的想法。但是在集合住宅中，与其将整个房间的家具什么的全部设计进去，倒不如不要设定得那么仔细，而保留其中的可能性。就"船桥公寓"而言，就是所谓的三间房间的基本关系性。

藤本　并非是由于想要做才有意识设计进去的场所，反而是在旁边无意之中形成的场所更有魅力。如何才能创造出这样的场所呢？可能通过对于关系性的操作可以达到这一点吧。

小野田　藤本先生的建筑中常有摆出了"进来吧"的姿态的空隙，以此作为关键，就会产生各种各样的行为。相比之下，西泽先生尽管将整体都没有破绽地控制住了，但是在不同的相位上却留有空隙，或者说是余地。

西泽　空隙？

小野田　比方说，去藤本先生的"援护寮"的时候，在平面上有些像是多余的三角形空间。藤本先生并不勉强将它清理掉，而是将空间操作的痕迹以一种残留的形式在空间中明明白白地留了下来。那里变成了一个极为不可思议的场所。既是视点的转换点，又是活动的转换点，以那里为切入点，使得整座建筑看起来都显得不可思议。

西泽　原来如此。

小野田　就西泽先生而言，这则是设置在更潜在化的相位上的。所谓"西泽建筑"，尽管是相当秩序井然的，但是可能性的余地其实是通过更加抽象的方式来布置的。

西泽　但是我认为完成度高低和可能性是有所不同的。比方 iPod 尽管有着很高的完成度，但是浑身都体现着可能性。

小野田　那么，在西泽先生看来，建筑的可能性在哪里呢？

西泽　将建筑的全部都动员起来完成设计，而这其中有着某种可以叫世界或风景的东西。这是很重要的，无论是精密的建筑还是粗糙散漫的建筑，都不能认为建筑的哪一个部分是可能性，而另一个部分就是限定性的。必须通过建筑整体来描绘可能性。

　　此外，我认为容易理解是十分必要的。自己的构想能不能传达给语言不通的人呢？刚才名称的话题也是如此。与其说是要容易理解，倒不如说是与他人形成关联的方式。

小野田　我还想问得更深入一些，通过从建筑中创造新的关联性的想法，西泽先生认为应该怎样影响社会或是世界呢？

西泽　我没有想要产生什么影响，而是想要参与进去。希望能够为之提供各种提案。

小野田　一定是作为建筑师了。

西泽　是的。

小野田　那么场下还有什么提问么？

听众 A　我想提一个有关关系性的问题。比如"船桥公寓"，您说过，墙的厚度会造成关系性的变化，就与旁边住宅的距离的关系而言，两栋之间一定会有用地界线。西泽先生对此是如何看的呢？

西泽　用地界线在城市之中是存在的，且非常重要。但是在城市之外，我希望能够在被称为基地界限的限定性中设计出自由的建筑。

听众 A　看平面图的时候，感觉对基地界限设计得非常开放。看上去就算和边上住宅的墙紧贴着，也觉得没什么关系，您在设计中有考虑过这个问题吗？

西泽　窗和布置很大程度上是根据和边上住宅的关系来决定的。刚才忘了说一点，"森山邸"中，基地位于转角，因此有两条边都是道路，另两边则是与边上的建筑用地相邻的。于是我就沿着基地边界开了两条小道，可以说把基地四周都道路化了之后，再开始这个方案的设计。当然这并非法律上认可的道路，但无论建筑放在哪里都有 500mm 左右的边界线，因此不得不缩进，于是我将这片空地做成小巷，希望将建筑设计出与众不同的存在方式。这其实是将基地边界与建筑的关系多少进行了一些改造。

　　虽然不能一概而论，但基本上，我对于"因为基地边界是这样子，所以建筑就要是这样"的说法是挺讨厌的，尽可能不想那样做。

小野田　最后希望能请企划合作者之一的后藤先生进行发言。

后藤　这个演讲也进行到第四次了，全部听下来，相比第一次的时候，有种小野田先生和金田先生不知怎么的越来越像了的印象（笑）。也就是说，活动与建构是可见的，让人感到在不断接近。

　　另一方面，邀请的各位建筑师大大超越了我们当初设想的单一性，显示出了他们之间的差异。比如这次的西泽先生，是以"关系性"为主题进行了演讲，而"关系性"这个词在至今为止登场的建筑师中也有提到过。各自通过不同的方式构筑着"关系性"。特别是西泽先生的建筑，给人无论何时都在考虑整体的感觉。从"周末住宅"开始就是这样，反过来，"新富弘美术馆"尽管是离散地布置在基地里面的，但是是将刚开始设想的一个体量分割而得到的。尽管离散，但还是潜在地存在着整体的，给人一种重叠摄影的感觉。

尽管刚开始有说到分解，但我想，就分解而言，还是有一个整体的。西泽先生是因为有了整体才分割的，整体是作为分解的条件存在的。对我来说，这与上次的藤本先生从部分开始设计是十分不同的，对此我很感兴趣。

一般来说，考虑关系性的话，都会考虑同样等级的要素之间的联系。好像是因为在同一张表格上所以才有联系。而西泽先生考虑的则是如何将不同等级的要素联系起来。特别体现这点的是"船桥公寓"的墙的厚度。尽管墙体厚度是由结构决定的，但在"船桥公寓"中，则产生了以结构以外的要素决定它的关系性。将这样不同的等级之间进行联系作为充满可能性的领域来考虑让人感到十分有趣。

前略，西泽立卫先生

三浦丈典

你说的真是太好了。这不是说你的词汇多么丰富，或是说得多么流利，而是你充满了责任感且非常诚实，并且能凛然地对周围发表演讲，杂志上见到的西泽先生看上去总是怀有一种愤怒与不满，无条件地充满攻击性的人，所以我莫名地对你有点恐惧。但是听了今晚的演讲，才明白之前的完全是误解，我对此实在是非常抱歉。

西泽先生的发言充满了深思熟虑的智者一般的智慧，以及沉默的樵夫一般不加修饰的耿直，并且从想向听众传达想法的热情中洋溢出了充满生机的生命力。将必要而充分的内容恰如其分地通过自己的语言表达，这事实上是很费力气的工作，但是西泽先生让我感受到了"我绝对不会对此懈怠"的强大意志。不回避对方的意见，认真对待自己的想法。"什么东西是无法用语言表达出来的"，"人类无法想象的东西究竟为何"，这次演讲您通过一张张幻灯给我们展示了这样的一些思考。

我认为，语言是一种极为理性、缜密而充满限制的表达方式。所以语言有时候会限制形式，变得过分平庸而偏离要点。反过来，由于形式是自由、感性而开放的表现形式，经常发生在不知道意图和效果的情况下，无意识中就被完成了。建筑师是宿命般地必须在两者之间游走的职业，因此这些注定会招致破绽。尽管完全明白这件事，但究竟是从开始就承认它，并埋头于其中，还是尽量缩小其中的误差，这其中有着天差地别。

现代建筑包裹着所谓的"空间"这样一个怎么说都不明不白的内部，而实际上话语中的"建筑"这个词，由于常年的误解与解释的不同，当初的想法有些已经变成错误的判断。讽刺的是，越是几乎完全无视了这种话语的现实的街道，越是痛快多样且魅力十足。我们的问题是学了一半就以为自己懂了，大家都逃避以自己的话语来思考的工作，于是时至今日，后遗症接踵而至。

对西泽先生而言，创造话语的行为就是为了将这些矛盾和疑问一个一个打破，无论对自己还是对他人都毫不隐藏，并在揭露原因的同时，将事物的构造明确地解释并理解。

正是由于建成的建筑是通过诚实的话语来说明的，尽管抽象而普遍，但是，这种话语是为了整理自己的头脑而设计出的非卖品，并不会是全国规范或是未来的楷模。所以话语也并非是无用的，并非无用的话语会创造出并非无用的形式。说出"不想凭借口味来决定胜负"的西泽先生的建筑去除了很多东西，只剩下地面、墙壁、顶棚与窗，但是在这样的极端条件之中，如何才能进行形式的思考呢？从内心深处期待这一答案（不可思议的是，这是倒置或是反复，不知怎么的让人感到（都只是）语法上的行为）。在看到这么多的图和模型照片，并听了说明的同时，无论是话语还是形式，尽管使用的是同一个要素，但仅仅通过顺序以及段落的小小改变，就造成了如此戏剧性的变化。我再次感受到了这一点。

充满勇气地从选项中做出选择就好像是凭借一眼就要放弃除此之外的无限的可能性，但其实不是这样，比方说，一旦创造出好的形式，就会唤起此后更好的解释。每次都不厌其烦地将这些用语言重新创造，这就是立泽卫西，不，是西泽立卫的秘密。"差不多也该停止为了产生话语的话语和为了创造形式的形式了",西泽先生热心地传达着这样的想法。

　　所谓"本应可能的现代",这种说法的意义直到现在忽然令人在意而困惑起来了。

不尽欲言

（由 TN Probe 主页转载）

可测之物，不可测之物
胜矢武之

　　建筑师西泽立卫的眼光常常注意到事物背后存在的"结构"。这次是最后一次讲座，西泽将自己的建筑从与语言的联系开始了讲解。正如人类为了理解世界，以语言这样一个框架来分割世界，西泽为了理解空间，分析了其中潜藏的关系性，而非表面的要素。通过这种关系性的思考，西泽将空间转变成为了能够测定的对象。

单层性
　　建筑是城市、功能、环境、习惯等各种关系性复杂地纠缠在一起而得以成立的。因此，建筑师在设计的过程中会纠结于这些要素优劣的判断以及阶层的划分。对此，西泽在设计的时候，会选在这个项目中起决定作用的一个关系性，采取在深究这个关系性的同时，除去此外其他关系性的手法。
　　比方说，以外与内的关系设计而成的"周末住宅"，一方面消去各个房间之间的关系性，使之成为宽松的一间房间。相对的，在"伴山人家"的设计中，所谓的"35LDK"的各房间之间的关系性成为了主题，探究了究竟空间能够细分成怎样的房间单位？此外，在江田的集合住宅方案中，主题变成了将建筑的体量分割成为住宅，由此，尺度在此之下的各房间之间的关系性被除去，住宅变成了接近单间的构成。相对的，在船桥公寓中，问题成了如何将建筑分割为专用房间的大小，因此尺度在此之上的各个住宅单位为了不要太显眼就被消除了。

总之，西泽的建筑条理清楚，以决定性的一个关系性来支配整个建筑，也就是所谓关系性的单层性，由于不存在思考的阶层性，所以能够成立。因此，西泽的建筑中不存在像是从主要空间到从属空间，以及从大的部分到小的部分这样的空间阶层性。由于关系性只有一个，所有其他层级上的东西都被消除了。从门到墙，基本上都是用一样粗细的单线画出来的平面图就清晰地展现了西泽建筑的这种特性。

代数学的建筑

那么，关于关系性的考虑，就是不论各种要素的内容，仅仅对分割与排列它们的手法加以考虑。将各个要素作为可以互换的东西平等地处置，被选出的框架宛如数学公式一般独立存在，将各要素并列地操纵。依据不同的建筑投入一个决定性的空间公式，以此甄别用来处理的参数和需要舍去的参数，并构筑理论的空间。西泽的这种探索，尽管是对于几何形态的操作，但也可以说是符合处理变量的代数学的明晰性的。

那么彻底地执着于空间的关系性，并将其抽象地展示出来的西泽建筑，究竟带来了什么呢？

可测之物，不可测之物

在西泽和主持人的对话中，曾将船桥公寓窗前挂的五彩缤纷的窗帘作为话题。在有着严密形式的西泽建筑与自由而凌乱的人类活动两者之间，我们可以想象其中有着分歧。人类活动的自由性会打乱建筑的形式，建筑的形式会束缚人类的活动自由。但是西泽却积极地接受了这种分歧。

这里关于自由的概念出现了一个问题。我们屡次将自由这个词理解为"没有束缚"。难道逃脱寻求自由的行动，不是与将其束缚的形式互为表里的吗？西泽在给予建筑如此坚固的空间框架的同时，并不置入除此之外的其他表现，将空间以空置的方式提供。这种禁欲主义带来的空间的抽象性与人类生活的具象性之间的反差，能够带来仅凭人类的行为所难以想象的自由。因此深入探究了可测之物的西泽的建筑，同时也给我们带来了对于不可测之物的启示。我们也能从中看到建筑自由的可能性。

（由 TN Probe 主页转载）

演讲者

西泽立卫（Ryue NISHIZAWA）

1966 年生。1988 年毕业于横滨国立大学工学部。1990 年完成同大学院修士课程。进入妹岛和世建筑设计事务所后，1995 年与妹岛和世共同成立 SANAA，1997 年设立西泽立卫建筑设计事务所至今。2001 年开始担任横滨国立大学大学院副教授，2010 年起任教授。此外，担任哈佛大学、南加利福尼亚大学、新加坡大学客座教授。主要作品有：周末住宅（1998）、饭田市小笠原资料馆（1999/SANAA）、镰仓的住宅（2001）、*Love Planet* 展会场布置（2003）、直岛地中美术馆办公室（2004）、Dior 表参道旗舰店（2004/SANAA）、金泽 21 世纪美术馆（2004/SANAA）、市川公寓（2004）、船桥公寓（2004）、森山邸（2005）、托雷多美术馆玻璃艺术中心（2006/SANAA）、阿尔梅勒·德·昆斯特里涅剧院和文化中心（2008/SANAA）等。获奖作品包括 1998 年日本建筑学会奖（SANAA）、1999 年第 15 届吉冈奖、2000 年东京都建筑士会住宅建筑奖金、SD Review2001 鹿岛奖、美国艺术文化协会阿诺·布鲁纳奖（Arnold W. Brunner）奖（2002）、文森特·斯卡莫基奖（2002）、第 9 届威尼斯建筑双年展国际建筑展金狮奖（2004）、第 46 届每日艺术奖（2005）、普利兹克建筑奖（2010/SANAA）。

（主持人、企划合作者、报告人的简历请参考第 0 卷）

【照片·插图】
西泽立卫建筑设计事务所